U0382178

本专著出版受教育部人文社科基金青年项目（西部）：资源富集区域“生态文明”评价体系构建研究——以陕北国家级能源基地为例(14XJC790006)、陕西(高校)哲学社会科学重点研究基地项目：陕北能源富集地区生态环境经济损失评估研究(13JZ022)以及2018西安财经学院基层学术组织学术著作出版基金资助。

西部资源富集区域
生态文明建设
评价研究

李瑞◎著

中国社会科学出版社

图书在版编目（CIP）数据

西部资源富集区域生态文明建设评价研究/李瑞著.—北京：中国社会科学出版社，2018.8

ISBN 978-7-5203-3216-3

Ⅰ.①西… Ⅱ.①李… Ⅲ.①区域生态环境—生态环境建设—研究—青海 Ⅳ.①X321.244

中国版本图书馆 CIP 数据核字（2018）第 220438 号

出版人 赵剑英
责任编辑 刘晓红
责任校对 孙洪波
责任印制 戴 宽

出 版 中国社会科学出版社
社 址 北京鼓楼西大街甲 158 号
邮 编 100720
网 址 http：//www.csspw.cn
发行部 010-84083685
门市部 010-84029450
经 销 新华书店及其他书店

印 刷 北京明恒达印务有限公司
装 订 廊坊市广阳区广增装订厂
版 次 2018 年 8 月第 1 版
印 次 2018 年 8 月第 1 次印刷

开 本 710×1000 1/16
印 张 13.75
插 页 2
字 数 219 千字
定 价 58.00 元

凡购买中国社会科学出版社图书，如有质量问题请与本社营销中心联系调换
电话：010-84083683

目　　录

第一章　生态文明导论

第一节　生态文明的概念与界定

“生态”一词由德国生物学家E. 海克尔（Ernst—Haeckel）于1866年首次提出，一般指地球上所有生物的生存状态，并与其生存环境之间的相互关系的存在状态，也可以称其为自然生态。生态最初是从大自然的角度来理解的，随着人类的不断进化和社会的不断进步，生态的概念逐渐走入人类的生活，并且交集越来越大、交流越来越频繁，两者的关系也就日趋密切。人类社会在对生态的适应过程中，也渐渐改变着生态，一旦自然生态归入了人类可以改造的范围内，文明就产生了。“文明”一词，最早出自《易经》，曰“见龙在田、天下文明”（《易·乾·文言》）。文明是历史的积淀、智慧的结晶，是人类社会发展进步的成果。文明分物质文明和精神文明，物质文明作为精神文明的基本生存保障，而精神文明是物质文明的思想和制度保证，两者是相辅相成的关系。

本书所谈到的生态文明，是基于物质文明和精神文明有机结合的文明，并更加注重自然环境对人类生存生活的作用。生态文明，是指人类遵循人、自然、社会和谐发展这一客观规律而取得的物质成果与精神成果的总和，它强调人与自然、人与人、人与社会能够互相和谐共生、保持良性循环、完成全面发展、进而持续繁荣的状态。[①] 其实质就是在保持生态系统和谐、稳定发展的前提下发展人类物质与精神文明，不仅仅

---

① 王续琨：《从生态文明研究到生态文明学》，《河南大学学报》（社会科学版）2008年11月30日。

做到两者兼顾，更要保证两者都能够良好并可持续发展。

新时代赋予了生态文明新的含义，在物质文明和精神文明的基础上，还加入了政治文明和社会文明。因此，广义的生态文明基本涵盖了经济基础以及上层建筑范围内的所有方面，生态文明的构建需要从经济、政治、文化以及社会生活等诸多方面入手，既可以改善人类赖以生存的自然环境，又可以实现人自由而全面的发展。

第二节　生态文明建设的背景和意义

一　生态文明的背景

工业革命之后，人类自此进入了现代工业文明的时代。在近四百年的工业化进程中，虽然人类的社会生产能力得到全面提升，创造的社会财富远远超过过去几千年财富的总量，并且基本上实现了经济社会的重大转型，使人类的生产和生活方式都发生了巨大变革。但由于人类不顾及环境的承载能力，在快速发展经济的同时，不断无度地向大自然索取资源，并破坏环境，从而引发了一系列的生态危机。

20 世纪中叶以来，全球气候变暖、海平面逐渐上升、臭氧层遭到破坏、酸雨状况频发、土壤沙漠化、有害物质污染、生物多样性锐减等问题凸显，使人类与自然之间的冲突愈演愈烈，由此绿色思想逐渐进入人们的视野。1962 年，美国著名海洋生物学家蕾切尔·卡逊（Rachel Carson）出版了《寂静的春天》一书，该书主要描述了在大量使用杀虫剂后，给人类与生态环境造成的危害，生动地揭示了工业文明繁荣背后的隐忧，敲响了工业文明面临不可持续发展的警钟，也标志着人类已开始反思人与生态环境的矛盾。与此同时，越来越多的科学家预言：全球生态环境的恶化或许是继恐怖主义、霸权主义等之后 21 世纪人类面临的长期的最大敌人。

起初，西方发达资本主义国家在快速发展经济的时候，盲目地追求速度而没有考虑到保护环境的问题，致使环境污染恶化的程度逐渐加深，因而也形成了所谓的“先污染，后治理”的发展模式。就我国而言，生态环境恶化也是我们正在面临的一个亟待解决的棘手问题。从 1978 年实行改革开放以来，我国的经济社会发展取得了令世界瞩目的成绩：2010 年中国名义 GDP 总量超过 5. 879 万亿美元，超越日本成为全球第二大经济体；2015 年我国 GDP 达到 10. 39 万亿美元，居世界第二，超出世界第三、亚洲第二的日本 5. 57 万亿美元。但我国在发展经济的同时，生态环境也遭受了严重的破坏。据统计，当前中国国土有 1/3 被酸雨影响；滨海湿地损失面积占其总面积的 50%，约为 219 万公顷；有 25% 的人口使用不合格水源，七大江河水系中劣五类水质占 41%；有 1/3 的城市人口呼吸着被污染的空气；全世界污染最严重的 10 个城市中，中国占 5 个；森林覆盖率虽然逐年增加，但单位面积的蓄积量却在下降，生态功能较好的森林不足 30%；入侵的外来物种有 200 余种，全国大多数自然保护区都受到外来物种的入侵；农村和农业污染严重，食品安全问题时有发生……由此可见，虽然近年来我国在生态环境保护方面做出了巨大努力，但资源日趋枯竭和环境污染加重的总体形势仍然很严峻，生态环境问题层出不穷，可持续发展面临的内部压力没有得到根本性的缓解。

因而，面对全球生态环境逐渐恶化的局势，保护自然资源，应对日益严重的环境破坏和生态危机，已经成为各个国家和地区共同的责任和义务。正如伯格特指出的："相关整体论是我们在分析人类与自然的共同演化过程中必须坚持的原则，因为自然和社会和谐的再生产过程必须建立在人类社会共同的生态准则和集体利用自然和社会条件的基础之上。"世界各国在追求经济发展的同时，日趋注重生态环境保护与自然资源的合理有效的利用，生态文明逐渐成为各国衡量经济发展效率的一个重要因素。因此，在这种国际背景下，生态文明被逐渐提到各国经济社会建设的议程中来。在中共十七大报告中，生态文明建设首次被写入其中；而党的十八大又把其提高到社会主义现代化建设的"五位一体"总体战略布局的高度，这体现了我国顺应人类与生态环境和谐发展的基本规律，坚持走可持续发展道路的科学决策能力与决心。而党的十九大报告中，生态文明建设又进一步被升华，坚持人与自然和谐共生。建设生态文明是中华民族永续发展的千年大计。必须树立和践行绿水青山就是金山银山的理念，坚持节约资源和保护环境的基本国策，像对待生命一样对待生态环境，统筹山水林田湖草系统治理，实行最严格的生态环境保护制度，形成绿色发展方式和生活方式，坚定走生产发展、生活富裕、生态良好的文明发展道路，建设美丽中国，为人民创造良好生产生活环境，为全球生态安全做出贡献。生态文明的协调发展，把我国建设成为富强民主文明和谐美丽的社会主义现代化强国被写进宪法中，再一次体现生态文明发展的重要性。

二　生态文明的意义

生态文明对人类社会来说，是一种崭新的文明形态，它伴随着人类社会物质文明的快速发展，是对农业文明和工业文明的超越。它的突出特点在于强调人与自然、人与社会、人与人之间的和谐发展。生态文明是人类自觉的选择，是人类文明发展的进步。生态文明的建设是一项复杂的、全新的工程，包括人们追求和创造一切生态文明成果，也包含实现生态系统良性运作的一切行为，不仅需要坚实的理论与现实基础，也涉及方方面面的改进，需要不断进行创新，以应对不断发生的生态环境的破坏问题。地球是人类唯一赖以生存的家园，而自然资源又具有稀缺性，保护自然关系到人类自身的切实利益。因此，生态文明目前已经成为各国达成共识的主流文明形态之一。

（一）生态文明是人类历史发展的必然选择

在人类的历史长河中，已经涌现出许多灿烂的古代文明，无论是古埃及文明、古巴比伦文明、古玛雅文明和古印度文明等，都是在优良的自然环境基础上开花结果，进而推动人类经济社会的进步。然而这些灿烂的文明在人类过度开采自然资源、破坏环境的过程中，逐渐衰退甚至最终灭亡。

伟大的思想先驱马克思和恩格斯，早在19世纪就已经敏锐地捕捉到生态问题对人类发展的影响，提出过“人与自然界和谐”的思想，同时提出实践活动是实现和谐的途径。

美国学者弗·卡特和汤姆·戴尔在他们合著的《表土与人类文明》一书中，从土壤的角度，研究了土壤与人类文明之间的关系，通过考察20多个古代文明的兴衰过程，包括尼罗河谷、地中海地区、北非、西欧、印度河流域以及中华文明等，得出的结论是：所有文明衰败的地方，都是土地资源被过度利用的地方；人类进行战争的目的几乎都是争夺资源，人类所有环境的灾难几乎都是资源争夺的必然结果。

如今，随着生产力的发展，工业文明的速度正在逐渐加快，然而在经济发展的同时，生态环境的恶化问题日益凸显，人类以破坏生态环境与肆意地开采自然资源为代价，换来的生产能力快速进步发展的结果，在给人类带来巨大的物质利益与享受的同时，也给其精神世界戴上了沉重的枷锁。

纵观整个人类史，人类进步的速度的确在不断加快，但这是以破坏生态环境为代价的，要使我们的地球家园能够永续发展下去，必须提高人类保护生态环境的意识，否则生态失衡问题最终会阻碍人类进步的脚步。所以，倡导生态文明是历史发展的必然选择。

（二）生态文明是人类文明发展的新阶段

生态文明是一种崭新的文明形态，是以人类社会与生态环境和谐进步、共同发展为核心的物质、精神的制度总和。生态文明是在工业文明的基础上剔除不利于人类经济社会发展的部分，将与人类发展相适应的生态因素保存下来，从而促进了人类社会的发展。狭义的生态文明，就是单纯地表示人与自然的关系发展到什么程度。从广义上来讲，生态文明是人类文明发展的新阶段。

生态文明是社会和谐的基础，是人类生活方式的完整统一，不仅包括物质生活的极大丰富，也包含精神世界的高度饱满。工业文明的发展，虽然加快了生产力进步的速度，使生产方式发生了重大的变革，但它走了一条与自然环境不相和谐统一的道路，致使生态环境失衡，引发了一系列的生态危机。生态文明就是在追求经济发展的同时，合理开发利用自然资源，保护生态环境，走上一条环境质量好、生产效益高、资源高效利用、人与自然和谐相处的路径。

生态文明的根本要求是人与自然的和谐发展，改变以往人类以破坏生态环境为代价的发展模式，使社会与经济得到发展的同时，自然环境也能得到有效的保护，使它们更好地造福于子孙后代，保障经济、社会、生态环境的可持续发展。

（三）生态文明是适应人类社会发展进步的必要条件

19 世纪中叶，达尔文提出了以自然选择为核心的进化论，其主要观点是“适者生存，不适者淘汰”。达尔文这一开创性的理论，在人类文明发展的过程中也同样适用。在原始文明中，人类利用简陋的石器、棍棒等生产工具，从事简单的劳作以满足自身生活的需要。但随着人类的发展，对物质的需求不断增加，原始的生产劳作已经无法满足人类对物质生活的需求，由此人类进入了以“小农经济、自给自足、男耕女织”为基本特征的农业文明时期。18 世纪中后期，英国工业革命后，以机器生产代替手工劳作的工业文明迅速发展，大大提高了生产力的发展速度，由此工业文明影响全球。但是随着工业文明的发展，经济发展在大幅提速的同时，生态环境恶化也接踵而至，这种以牺牲自然资源为代价的经济发展，在满足人类物质需要的同时也破坏了生存环境。因而，生态文明的概念走入人类生活中。生态文明是对农业文明和工业文明的不断完善和发展，但在人类社会不断进步和发展的同时，一直忽略的问题是生态环境与自然资源也是生产力，良好的生态环境既能维护好人与自然的关系，也能推动人与自然的和谐发展，是人类永续存在的关键。所以，生态文明是能更好地为人类文明的进步提供保障的新文明形式，是人类社会进步的必要条件。

第三节　生态文明的理论研究进展

从18世纪起，工业文明的兴起使人类社会进入一个崭新的时代，人类的生活得到极大改善，经济社会呈现快速发展的趋势，但是随之而来出现的各种问题也日益凸显，其中最主要的就是人类对自然越发无节制地肆意改造，造成了严重的生态危机，导致全球气候变暖、土地沙漠化等许多生态环境问题涌现，这是大自然对人类进行的一系列“报复”。生态环境问题逐渐从区域范围扩展成为全球化问题，从此学术界开始有意识地寻求不仅能够满足经济社会的发展，而且能够保护资源环境的新的发展模式。

一　国外生态文明的理论研究进展

1962年，美国女生物学家卡逊发表了《寂静的春天》一书，书中运用自然界食物链系统的生态学原理，揭示了化学产品DDT农药在食物链系统中对于食品安全和生命健康的危害，深刻揭示了化学产品DDT农药不仅可以杀死害虫，而且也可以间接杀死以被化学产品DDT农药毒死的虫类为食物的鸟类，甚至由于该农药在农作物产品中的残留而危及人类的健康，甚至危及子孙后代。该书对传统理念“征服自然”提出了挑战，得到了伤害自然必然会危害人类自己的观点，从此拉开了人类走向生态文明的序幕，也标志着人类已经开始关注生态环境问题。1972年，丹尼斯·L. 米都斯博士领导的17人小组耗资25万美元完成了一篇研究报告《增长的极限》，该报告认为地球是有限的，从而一切事物的增长也是有极限的，人们必须自觉地有节制地抑制增长，不然就会造成人类社会乃至地球系统的崩溃。这篇研究报告可以看作人类对今天这种不合理发展模式的首次反思，也为后来的生态环境保护和可持续发展理论奠定了基础。

可持续发展（Sustainable Development）的概念最先是1972年在斯德哥尔摩举行的联合国人类环境研讨会上正式展开讨论。由此世界各国开始致力于界定“可持续发展”的内涵，目前已经出现的定义达到几百个之多，涵盖范围包括国际、区域、地方及特定界别的层面，是科学发展观的基本要求之一。1980年国际自然保护同盟的《世界自然资源保护大纲》提出：“必须研究自然的、社会的、生态的、经济的以及利用自然资源过程中的基本关系，以确保全球的可持续发展。”1981年，美国莱斯特·R.布朗（Lester R. Brown）出版了著作《建设一个可持续发展的社会》，提出以控制人口增长、保护资源基础和开发再生能源来实现可持续发展。1987年，世界环境与发展委员会出版了名为《我们共同的未来》的研究报告，该报告将可持续发展定义为：“既能满足当代人的需要，又不对后代人满足其需要的能力构成危害的发展。”该报告由挪威前首相布伦特兰夫人领导完成，她对于可持续发展的定义被广泛接受并引用，这个定义系统阐述了可持续发展的思想。1992年6月14日，联合国在里约热内卢召开的“环境与发展大会”，通过了以可持续发展为核心的《里约环境与发展宣言》《21世纪议程》等文件，是“世界范围内可持续发展行动计划”，是旨在鼓励发展的同时保护环境的全球可持续发展计划的行动蓝图。

赫尔曼·E.戴利在20世纪90年代出版了《超越增长：可持续发展的经济学》一书，作者的主要观点是可持续发展的革命意义，强调增长不能盲目地寻求数量上的增加，更应该看重发展质量上的提高，而可持续发展就是一种保质保量的发展模式。传统发展观把经济发展作为一种孤立的系统，是可以无限制增长下去的，这种传统发展观显然是不正确的。戴利把经济看作生态系统的子系统，认为经济的发展是在生态发展的框架下进行的，不能脱离生态环境而独立存在。因此经济发展的能力是有限的，不能超越生态环境的承受能力过度利用资源，必须考虑到生态环境的因素制约。书中还指出，可持续发展包含生态、社会、经济三方面的全面发展，只有将这三点充分地有机结合起来，才能实现真正的可持续发展。《洛杉矶时报》评论说："这是一本由最超前的经济学家赫尔曼·E. 戴利撰写的新书。25 年来，戴利一直在探索建立一种全新的经济学，用以诠释自然财富、共同体价值以及道德的必要性。"戴利在发表的《新生态经济：使环境保护有利可图的探索》一书中指出：地球生态系统是人类宝贵的财富，气候调节、水质净化等措施是维护其良好运作必不可少的服务。然而，它被破坏的速度为什么会如此迅速呢？他认为，人类的善良和政府的规章制度不足以起到拯救自然的作用。他介绍了一种新的概念——"新生态经济"作为保护生态环境强有力的知识工具，使经济与环境可以协调发展。

2001 年 11 月，莱斯特·R. 布朗出版了《生态经济：有利于地球的经济构想》。他指出：经济学家只注重经济发展取得的成就，而生态学家不仅能够看到经济成就，也看到经济发展给生态系统带来的沉重压力。于是呼吁经济学家与生态学家在经济理论与生态理论的共同指导下，构建有利于地球的新经济模式——生态经济。随后，在 2003 年，他又发表了《B 模式：拯救地球延续文明》一书，作者采用大量数据对不同发展程度国家的不同发展模式展开研究，证明了人类未来的发展必须转向 B 模式，即可持续发展的模式。他指出，B 模式由三个部分组成：一是重构全球经济，使之能够支持；二是采取一切措施消除贫困、稳定人口，并且恢复希望，以吸引发展中国家的参加；三是通过先后有序的努力恢复自然界的各个系统。"B 模式"是"生态经济"的进一步延续，布朗把"A 模式"看成以经济发展为中心的模式，把"B 模式"看作以人为本的生态经济协调发展模式。他认为，人类应该立即行动起来，用生态发展模式逐渐取代单纯的经济发展模式，共同维护我们的地球家园。

二　国内生态文明的理论研究进展

（一）古代生态文明思想萌芽

古代中华文明有着几千年的历史传承，在这历史的长河中，涌现出了大量体现生态文明观念的理论。古人所提出的生态文明不是以建设生态文明为目标的，因为这个概念最早产生于西方工业社会发展的过程中，因此中国古人对人与自然的认识，体现出了朴素的唯物主义辩证思想。虽然中国古代的生态文明思想并非针对现代工业化时代严重的环境问题，但是其关于人与自然和谐发展的论断对于现代人正确处理人、自然和社会之间的关系具有积极的指导意义。

中国儒家主张“天人合一”，其最基本的思维方式，具体表现为天与人和谐统一的关系上。天人合一思想，是中华民族五千年来自然哲学的思想核心与精神实质。它指出了人与自然的辩证统一关系，在自然界中，天、地、人三者是相呼应的。《庄子·达生》曰：“天地者，万物之父母也。”人与自然在形式上是一体的，不能将他们单独割裂开来，即自然的发展伴随着人的发展，反过来，人的发展也要顺应自然的发展，两者紧密联系，不可分割。“天人合一”主张要以一颗仁爱的心对待人与自然界。

中国道家的著作《道德经·道经第二十五章》中提出：“人法地，地法天，天法道，道法自然。”简单地说，就是人来源于大地，大地来源于宇宙，宇宙来源于一种发展规律，这种发展规律来源于自然。可以看出，万物的一切归根结底来源于自然。人类只有以尊重自然规律为最高准则，以保护自然环境为一切行为活动的最基本条件，才能实现人、自然、社会的协调发展。

（二）当代生态文明的理论与应用学术研究

从理论研究的角度来分析，我国当代学者对“生态文明”理论的研究起步较晚。自20世纪90年代以来，国内学术界研究热点基本可以分为“可持续发展—增长方式转变—生态经济—循环经济—生态文明”五个阶段，由理念到实践、由单一性向综合性转变的趋势十分明显。学术界首次明确“生态文明”的概念由叶谦吉教授提出来（1987）：“所谓生态文明就是人类既获利于自然，又还利于自然，在改造自然的同时又保护自然，人与自然之间保持和谐统一的关系。”徐春（2004）、张云飞（2006）、尹成勇（2006）、卓越等（2007）从时间角度对“生态文明”的内涵进行了界定；是丽娜等（2008）分析了“生态文明”的特征；严耕（2008）基于环境工程的视角分析了省际“生态文明”评价的理论体系；廖福霖（2012）归纳总结了“生态文明学”的科学理论体系；张健、谢瑞（2013）从理论视角探讨了城市“生态文明”的建设；刘某承（2014）基于生态足迹和区域生态系统服务ES的角度设计了“生态文明”的结构系统。

从应用研究的角度分析，我国学者以一般行政区划为对象进行应用研究的主要包括：蒋小平（2008）对河南省从社会进步、经济发展及生态环境保护方面设计“生态文明”评价指标；宋马林（2008）从金融生态环境、科教、生态产业聚集、经济效率、节能等方面进行“生态文明”评价指标设计；曾钢（2009）以崇明岛、高洲（2010）以苏州省为例进行了生态文明评价的实践；严耕（2009）、吴明红（2012）和魏小双（2013）从环境工程的角度设计并改进了省域范围的生态文明评价体系。我国学者对典型性区域进行研究的主要包括：乔丽（2009）基于管理工程的视角，对平朔煤矿的“生态文明”建设理论与方法进行了探讨；张青雨（2011）从环境工程的角度对我国西部地区“生态文明”评价方法展开了研究，并着重介绍了鄂尔多斯与乌兰察布市治污减排的特点；廖波（2013）对广西具有高污染特征的有色金属产业尝试进行了“生态文明”评价；邵忍丽（2013）首次将陕北地区作为对象开展“生态文明”研究，但仅局限于一般性政策建议，没有进行定量评价和实证检验。

当前学术界对“生态文明”的研究，从不同角度、不同程度上丰富了其科学理论与方法体系。本书通过对“生态文明”领域研究现状的系统分析梳理，认为存在以下显著问题急需探讨：

（1）部分研究仅集中于哲学、政治学、生态学和环境工程的视角，开展对“生态文明”的一般理念与内涵的分析，或仅就行政区划展开一般性探讨，尚缺乏动态模型的构建；

（2）部分实证研究的指标体系明显是对可持续发展评价方法的简单压缩，其评价要素选择难以为政府的政策设计提供有力支撑；

（3）部分研究在评价指标权重确定上采用 AHP 法、Delphi 法、PSR 模型等方法，但数据加工受到方法与技术的限制，定量分析的质量有待进一步提高；

（4）以具有重要理论价值和实践意义的资源富集区域作为样本，运用经济学的范式构建模型和评价体系，并在计量检验的基础之上，提出政策支持体系的研究相对薄弱。

（三）生态文明建设的政策研究

1994 年 3 月 25 日，中国国务院第十六次常务会议审议通过了《中国 21 世纪议程》，履行了中国政府对《21 世纪议程》等文件作出的庄严承诺，首次把可持续发展战略纳入我国经济和社会发展的长远规划。

《中国21世纪议程》主要分为四个部分，对可持续发展总体战略与政策、社会可持续发展、经济可持续发展、资源的合理利用与环境保护分别作了介绍。1997年的中共十五大把可持续发展战略确定为我国“现代化建设中必须实施”的战略。

2007年10月15—21日，中共十七大在北京召开，这次大会把生态文明第一次写进报告，并明确要求：“建设生态文明，基本形成节约能源资源和保护生态环境的产业结构、增长方式、消费模式。循环经济形成较大规模，可再生能源比重显著上升，主要污染物排放得到有效控制，生态环境质量明显改善，生态文明观念在全社会牢固树立。”①

2007年12月3—14日，在联合国气候变化大会上，我国政府制定的《中国应对气候变化国家方案》明确了应对气候变化的目标、原则、重点领域及其政策措施。该方案明确地表示了中国政府解决气候问题的决心，也极好地展示了中国的大国气度。方案提出一定会认真履行自己在世界环境保护课题中的义务，使自然环境和人类社会都得到可持续发展，实现全球社会的和谐发展，为人类生态文明的发展做出贡献。

2011年，国务院发布的《国务院关于加强环境保护重点工作的意见》要求在落实科学发展观的同时，要加快转变经济发展方式，把生态文明建设推到一个更高的水平上。2012年，“美丽中国”被第一次写入中国共产党代表大会的报告，在党的十八大报告里，生态文明建设被提升到与经济建设、政治建设、文化建设、社会建设相同的高度，列入中国特色社会主义“五位一体”总布局，并写入党章。自此，生态文明建设被提上国家战略高度。2017年，十九大报告再一次提出加快生态文明体制改革，建设美丽中国。生态文明建设功在当代、利在千秋。我们要牢固树立社会主义生态文明观，推动形成人与自然和谐发展现代化建设新格局，为保护生态环境作出我们这代人的努力。2018年，宪法修改中生态文明的发展作为一项重要内容被添加进去，把我国建设成为富强民主文明和谐美丽社会主义现代化强国，实现中华民族的伟大复兴。

（四）重大战略思想理论体系与生态文明

1.“三个代表”思想与生态文明建设

2002年5月31日，江泽民同志出席中央党校省部级干部进修班毕

---

① 伍少霞：《生态文明：人类文明演进的必然选择》，《江南大学学报》（人文社会科学版）2008年4月20日。

业典礼，并发表重要讲话。他在这次重要讲话中指出：贯彻“三个代表”，关键在坚持与时俱进，核心在保证党的先进性，本质在坚持执政为民。关于“三个代表”在生态环境保护方面的理解，包括以下几个方面：

（1）生态环境保护是先进生产力的重要标志，保护生态环境就是保护生产力。先进生产力的发展不仅受经济和社会因素的制约，还受生态因素的牵制。环境污染的加重不仅影响人们的身体健康，而且还会制约经济的健康发展。因此，保护生态环境，维护自然资源的多样性发展，保护生态平衡是经济社会良性发展的基础。

（2）生态环境保护是先进文化发展的重要组成部分。保护生态环境不仅关系到经济的健康发展和人们的身心愉悦，也是先进文化的重要组成部分。“三个代表”重要思想的提出就是要在实现经济和社会良好发展的同时，使生态环境得到极大的保护和改善。

（3）生态环境保护就是全心全意为人民服务宗旨的具体体现。人民是社会的基石，为广大的普通群众提供健康的生活环境是全党的共识，环境保护不仅是强国富民安天下的大事，也是提高人民生活质量的基础。

2. 科学发展观与生态文明建设

生态文明思想是科学发展观的题中应有之义。党的十七大报告正式提出“建设生态文明”的概念，并将生态文明与物质文明、政治文明、精神文明、社会文明一起纳入我国社会主义建设事业的总体布局，标志着科学发展观中生态文明思想的基本形成。2004 年 3 月，胡锦涛在中央人口资源环境工作座谈会上的讲话中提出：“建立资源节约型国民经济体系和资源节约型社会”，这是“构建资源节约型社会”思想的最初表达。2005 年 10 月，胡锦涛在党的十六届五中全会上正式提出了“建设资源节约型、环境友好型社会”。其核心思想要求我们：第一，大力发展循环经济。“发展循环经济，是建设资源节约型、环境友好型社会和实现可持续发展的重要途径”。第二，倡导环境友好的消费方式。环境友好的消费方式更主要的是一种绿色环保的生活消费方式。

3. 习近平系列重要讲话精神与生态文明建设

“牢固树立保护生态环境就是保护生产力、改善生态环境就是发展生产力的理念”，这一重要论述，更进一步地深刻诠释了生态环境保护与发展生产力之间的关系，强调了生态环境这一生产力要素的重要作用，指明了正确处理好经济社会发展与生态环境保护关系的极端重要性，可以看作对马克思主义生产力理论的重大发展。党的十八大报告指出："建设生态文明，是关系人民福祉、关乎民族未来的长远大计。面对资源约束趋紧、环境污染严重、生态系统退化的严峻形势，必须树立尊重自然、顺应自然、保护自然的生态文明理念，把生态文明建设放在突出地位，融入经济建设、政治建设、文化建设、社会建设各方面和全过程，努力建设美丽中国，实现中华民族永续发展。"党的十九大报告指出：人与自然是生命共同体，人类必须尊重自然、顺应自然、保护自然。人类只有遵循自然规律才能有效防止在开发利用自然上走弯路，人类对大自然的伤害最终会伤及人类自身，这是无法抗拒的规律。我们要建设的现代化是人与自然和谐共生的现代化，既要创造更多物质财富和精神财富以满足人民日益增长的美好生活需要，也要提供更多优质生态产品以满足人民日益增长的优美生态环境需要。必须坚持节约优先、保护优先、自然恢复为主的方针，形成节约资源和保护环境的空间格局、产业。[①]

三　国外生态文明建设实践

一百多年前，恩格斯说过人们不要过分地陶醉于对自然界的胜利，因为大自然会对每一次这样的胜利进行报复。今天，严重的生态环境问题带给人类的影响正以它独有的方式在"反馈"给人类自身，那就是日益严重的环境污染给人类的物质和精神生活带来的负面效应。由于西方工业发达国家在发展经济的时候，大都经历了"先污染、后治理"的过程，因此面对经济快速发展带来的环境污染和生态破坏问题时，他们采取了一系列的措施来遏制环境不断恶化的趋势。在生态文明的建设过程中，发达国家在实践中积累了丰富的经验，对我们积极探索生态文明的建设路径，具有良好的借鉴意义。以下以美国、瑞典、新加坡为例，简要分析这些国家在生态文明建设中采取的主要措施与实践经验。

（一）美国

在寻求环境保护和生态建设的科学路上，美国在世界范围内已经处于领先地位。美国的环保政策可操作性极强，而且包含的内容细致。

① 《为了中华民族永续发展——习近平总书记关心生态建设纪实》，http：//blog. sina. com。

1977 年，美国通过的《露天矿矿区土地管理及复垦条例》规定，在矿采区实行复垦抵押金制度，对矿采区的保护起到了良好的作用。1990 年美国推出“酸雨计划”，执行二氧化硫排污权交易政策，该政策对促进二氧化硫的减排具有重要的作用。在能源战略上，美国政府鼓励节能。在 2006 年度的《国情咨文》中，总统布什宣布的“先进能源计划”的目标是到 2015 年使太阳能成为美国能源组合中的一个重要的组成部分。美国生态学家理查德·雷吉斯于 1975 年创建了“生态学研究会”，之后他带领该组织在美国西海岸的伯克利开展了许多生态城市建设的实践活动，引发了美国政府对生态农业和建设生态工业园的关注，由此伯克利也被认为是全球“生态城市”建设的样板。

（二）瑞典

瑞典是欧洲最早提出环保的国家，它的首都斯德哥尔摩被称为“生态公园”城市。在种植业方面，瑞典提倡使用天然的牲畜粪便做肥料，而不使用含有较多化学成分的农药、化肥和除虫剂。在养殖业方面，瑞典提倡饲养禽类以自己生产的不含化学成分的饲料为主。在河流保护方面，瑞典有“水乡”之名，其非常注重从源头上保护河流的洁净，所有的城市都建立了雨水管理系统，含有污染物的水源不允许向河湖等自然水体中排放。在房屋建筑方面，瑞典城市所有的建材均选择使用天然材料，所有的木料都使用特殊的加工方法保证其美观和清洁环保。瑞典倡导生态生活，城市内使用的水龙头管道都非常细，可以减少生活用水量。在政策层面上，政府通过制定一系列的环境保护措施，如征收环境税费等经济手段，采用税费征收、减免和财政补贴等办法，促进整个国家的环境可持续性发展，加速生态文明的建设。为提高全民节约资源和环境保护的法律意识，瑞典进行广泛的宣传教育，如从 1991 年起，瑞典每年都要举办“世界水周活动”，提高人们保护水资源、节约用水的自觉性。

（三）新加坡

新加坡素有“花园城市”的美誉，环境优美、空气清新、树木繁茂、花团锦簇是其独特的城市风格，这和人与自然的和谐相处以及人与自然的相互爱护是分不开的。“花园城市”的本质就是追求“天人合一”的观念。在基础设施方面，新加坡具有良好的生态环境基础设施，完整的污水处理系统有助于将水源的污染物降到最低程度。并且制定了一系列的生态环境保护法规，例如从1980年起，发电厂、炼油厂等主要空气污染源必须使用硫含量不超过2%的液态油发电。在环保教育方面，注重使人们自觉地认识到环境保护的重要性，生活中产生的日常垃圾要进行分类，并自觉地维护好周围的环境卫生。在土地利用方面，新加坡突出的特点是重工业必须在与住宅区保持一定距离的特定区域内发展，轻工业可以在居民住宅区附近建立，确保经济的发展对生态环境不产生不良的影响。新加坡还从本国的国情出发，充分发挥各个行业对环境保护的作用，在环境保护的投融资领域，充分利用民间、政界和商界各方合理的资金来源。

除此之外，巴西的库里蒂巴因其优美的环境，在1990年被联合国命名为“巴西生态之都”，它以可持续发展的城市规划受到世界的赞誉，因而在生态环境保护方面具有良好的借鉴意义。在德国循环被标榜为一种社会责任，发展循环经济以解决第二次世界大战后依靠重工业和制造业发展经济而产生的严重空气污染问题。日本作为一个自然资源极度匮乏的岛国，却是一个资源消费大国。为了摆脱资源紧缺的困境，日本施行绿色新政，建设低碳社会，发展生态文明。

综上分析，世界各国意识到当今社会虽然在经济发展方面都取得了长足的进步，但同时也为此付出了巨大的代价——生态环境污染与破坏，因而每个国家都在积极地开展环境保护工作，以降低甚至消除生态环境破坏给人们的生活、经济的发展和社会的进步带来的负面影响。而我国目前正处在工业化快速发展的阶段，正在经历着发达国家曾经面临的同样的问题。在工业化的进程中，以牺牲环境为代价发展经济或许是每个国家在进步的过程中不可避免的问题，但我们在发展的过程中可以借鉴发达国家的成功经验，尽量降低生态破坏与环境污染给我国带来的不利影响。

四 中国的生态文明实践

在我国，政府层面实践探索开始于1999年，海南省率先制订《海南生态省建设规划纲要》；紧接着黑龙江、福建、山东、安徽、浙江、陕西、四川等省也制订了生态省建设计划；2008年，全国第一批“生态文明”六大试点地区为深圳、珠海、韶关、密云、张家港、安吉；同年，中央编译局正式发布首个“生态文明建设（城镇）指标体系”，反映在发展生态经济、改善生态环境、维护生态安全、增强生态意识和实行生态治理五个方面；2009 年北京延庆、河北承德、上海闵行、江苏常熟等 5 市、浙江杭州、广东中山、云南淋源和贵州贵阳也进入第二批“生态文明”建设试点地区。

自“十一五”以来，全国已初步形成生态省、生态市、生态县、环境优美乡镇、生态村的生态示范创建体系，全国生态省建设成效明显。2012 年 4 月，海南省第六次党代会在深刻总结 13 年生态省建设经验的基础上，提出了以人为本、环境友好、集约高效、开放包容、协调可持续发展的“科学发展，绿色崛起”发展战略，再次掀起全国生态省建设的热潮。

云南省昆明市盘龙区是我国第一个水生态文明建设试点，时间从 2013 年到 2017 年，其间以松华坝水源区保护为重点，以水源区生态清洁小流域建设为核心，通过污染源综合整治、水土流失防治、生态补水、河湖（库塘）连通、滨岸带生态修复以及湿地生态林地打造、美丽乡村建设等手段，全面修复水源保护区，恢复和保障盘龙区水生态格局的连续性和完整性，构建起健康、完整、科学的盘龙区水生态文明系统。

近年来，生态环境保护建设成绩令人瞩目：不仅出台了保护环境的新措施，而且对大气污染的预防方法制定也更加明细。特别是近两年社会一直高度关注的 PM2. 5 污染问题，从 2016 年 1 月 1 日起，也被作为监测标准于全国范围内实施。森林面积的增长幅度也不断加大，近十年来，全国的森林面积由 23. 9 亿亩增加到 29. 3 亿亩，提高了 22. 6%。

第四节　生态文明建设的目标和任务

一　生态文明的目标

在人类的文明史中，人与自然的关系就像一条贯穿始终的红线。纵观整个人类的发展史，我们会发现，整个自然界就是一个“天地人和，物我统一”的生态系统，而人类社会只是其中的一个子系统。但自 20 世纪中期以来，由于人类在发展经济的同时忽视了环境保护，生态破坏和环境污染问题日益加重，“全球变暖、低碳经济”等成为世界范围内的热点话题，维护自然界的平衡发展，建设生态文明就显得尤为重要。

（1）生态文明就是要以实现人与自然、人与人、人与社会的和谐发展为目标。和谐是生态文明的核心内容，人类的生存与发展是和自然界息息相关的，尊重自然、善待自然、合理地利用自然资源，是维护自然界和谐与平衡的基础。

西方传统哲学认为，人是自然界的主体，因为人具有价值，其他物体没有价值。马克思和恩格斯认为：人与自然界其他形式的物质存在一样，都是物质世界的一种存在方式。自然界是人类生存的基础，换句话说就是人需要依靠自然界来维持生存，但是人类必须在生态环境承载力的限度之内来进行自己的物质生产和消费活动，以实现经济、社会、资源和环境保护的协调发展。中国传统儒家文化中“天人合一”学说，体现了古人对待自然和社会关系的一个基本态度，人要想实现自己的价值，必须要与自然和谐相处，顺应自然界发展演化的规律。因此，人在认识自然和改造自然的过程中，既要发挥主观能动性，又要尊重宇宙客观演化的规律，从而实现人的全面发展。

（2）生态文明就是要以建立一个公平、自律的人类社会生活环境为目标。生态文明的公正体现在，既要实现人与自然的公平，又要实现当代人之间的代内公平，以及当代人与后代人之间的代际公平。这是因为，从民主性的角度讲，人是生而平等的，每个人生来都具有享受和利用自然资源的机会，获得公平发展的权利。社会的公平和公正是实现人与自然和谐共生的基础。由于自然资源具有稀缺性和唯一性，为了实现人类的可持续发展，人类就需要学会节制自己的欲望，规范自己的行为方式，实现既能保证当代人生存发展的需要，又能造福子孙后代的美好愿望。

（3）生态文明就是要以发展绿色经济、清洁能源、低碳经济、循环经济等可持续发展战略为目标。人类社会是一个连续不断、生生不息的社会系统，为使子孙后代能够更好地生存下去，必须注重环境保护，节约自然资源，提高资源的利用效率。

在西方国家，欧盟是发展低碳经济与新能源产业的倡导者。2008年，欧盟制定了应对气候变化和能源紧缺的“一揽子”政策，包括《欧盟碳交易机制修改指令》《促进可再生能源利用指令》《关于为实现欧盟2020年减排目标，各成员国减排任务分解的决议》等。目前，欧盟的碳减排技术已经领先世界其他国家。在美国，世界观察研究所是可持续发展研究的“领头羊”，从克林顿执政时期到布什政府都非常重视能源和气候相关变化的研究。奥巴马提出未来10年内要投入1500亿美元发展清洁能源；要大力降低碳排放量，碳排放水平到2050年要比1990年降低80%；要创建清洁技术风险资金，未来5年每年投入100亿美元，大力推进替代能源和可再生能源技术的商业化。在亚洲，日本作为《京都议定书》签署国之一，一直在积极推动低碳减排，重视环境保护和节约能源。对我国而言，面对资源约束趋紧、环境污染严重、生态系统退化的严峻形势，党的十八大报告中已经把环保、资源节约、循环经济等概念纳入生态文明，形成了经济建设、政治建设、文化建设、社会建设和生态文明建设五位一体的发展理念，努力建设美丽中国，实现中国梦的伟大构想与中华民族的永续发展。因此，生态文明是实现这一理想社会的一种新文明理念，是人类文明史中崭新的一页，也是人类社会发展进步的标志。

二 生态文明的任务

生态文明之所以不同于传统的工业文明，是因为生态文明倡导人类积极改善并优化人与自然的关系，建立相互依存、相互促进、和谐共融的生态社会，维护生态环境的价值及生态秩序。大力推进生态文明是新时期赋予我们的神圣使命，生态文明建设的任务在于使经济社会发展达到“人与自然共存、经济发展与环境保护同步”。

（1）在思想上，各个国家要正确认识环境保护与经济发展的关系。在大力发展经济的同时，要注重保护环境以促使生态系统的各个环节能够协调发展，使经济发展与环境保护能够同步进行。在行政措施中，由于经济基础要服从上层建筑，因此要综合运用法律、经济、技术等方法措施解决环境问题，使保护环境的意识牢牢地扎根于经济发展与人类生活的方方面面。

（2）在措施上，全球各国要根据本国的经济发展程度、社会需求以及人们生活的现实状况，制定严格的生态环境保护措施，加强政府政策的规制。由于环境资源是一种公共资源，因此其具有公共物品的性质，即非排他性和非竞争性。美国著名学者哈丁在《公地的悲剧》中对这个问题进行了生动的描述：“一群牧民生活在一片草原上，草原是对所有牧民开放的牧场。牧场是共有的，畜群是私有的。假如每一个牧民都追求个人的眼前利益最大化。因此，从个人利益出发，尽可能要求增加自己的牲畜头数。因为增加一头牲畜，个人就得到由此带来的全部收入。但另一方面，当牧场的牲畜承载能力难以长期维持更多的牲畜时，再增加一头牲畜会给草原带来某些损害。而这种损害是全体牧民共同分担的。这群牧民中的每个人都很聪明，都会努力地增加自己的牲畜数量，而由大家分摊由此带来的成本。”其必然结果是，牧场越来越退化，直至毁灭。哈丁的这段话，揭示了个人利益与社会利益的矛盾，市场失灵时，如果缺乏政府有效政策的引导，单纯地依靠市场机制，难以实现环境资源的合理利用。

（3）在行动上，随着经济全球一体化，各个国家的经济社会发展都相互依存，因此世界各国在加强发展经济沟通的同时，要大力开展国际间的环境保护合作。第一，要加强各个国家之间的协作，人类只有一个地球，我们共享一片蓝天，每个国家在保护环境的同时，也是在为全人类谋福利。第二，需要广泛地进行宣传教育，全方位、多层次地加强环境保护的宣传。如哥本哈根世界气候大会通过的《联合国气候变化框架公约》就是继《京都议定书》之后又一具有划时代意义的全球气候协议，毫无疑问，这份协议对全球今后的气候变化会产生决定性的影响。第三，要大力创新保护环境的技术与科学决策机制，如近几年来，我国大力发展了洁净煤技术、高效节能技术、水电开发利用技术、风能利用技术以及核能开发利用技术等具有较高科技含量的生产技术体系。

第二章　中国古典哲学与生态文明

第一节　中国古代生态思想的哲学基础

《太史公自序》有言“究天人之际，通古今之变，成一家之言”。也就是说通过探究自然现象和人类之间的关系，知晓从古至今是如何变化的，可以成就一家的学说。其中的“究天人之际”已成为中国哲学的基本问题，中国社会从古至今一直都在探讨天道和人事之间的关系，而“天人合一”思想是解决这一问题的基本哲学观点。

“天人合一”思想最早是由道家学派的代表人庄子提出的，随后由汉代思想家董仲舒将其演变发展为天人合一的哲学思想体系。“天人合一”的哲学理念关注的是自然与人类之间的关系，简单来说就是通过人的主观能动性和实践活动，使自然现象和人类社会能够协调一致地存在。“天人合一”思想的含义从字面来看可以分成三部分，即天、人、合一。

在先秦时期，对于“天”的解释主要有三种：第一，是能为人类提供基本生存给养的自然之天，如“天之苍苍，其正色邪？其远而无所至极邪？”（《庄子·逍遥游》）第二，是经过实践的检验，而被人类社会普遍接受的自然规律，简言之可以表达为义理之天。通俗地讲，就是人类社会在生产与生活中所遵循的事物规律。如庄子所言“死生，命也；其有夜旦之常，天也。人之有所不得与，皆物之情也”。第三，是指有灵魂、有意志的主宰之天。冯友兰也认为：“所谓天有五义：曰物质之天，即与地相对之天。曰主宰之天，即所谓皇天上帝，有人格的天、帝。曰命运之天，乃指人生中吾人所无可奈何者，如孟子所谓‘若夫成功则天也，之天是也’。曰自然之天，乃指自然之运行，如

《荀子·天论篇》所说之天是也。曰义理之天，乃宇宙之最高原理，如《中庸》所说‘天命之谓性’之天是也。”

中国哲学对于“人”的理解主要有以下几点：第一，人是自然之人，是万物之灵长，具有自然属性的特点。第二，人是有思想的动物，能够通过自己的主观能动性利用自然并合理地改造自然。第三，人通过道德伦理约束自己的行为，视为理性之物。第四，人本身的成长发展除了受自身的天性约束之外，也受到“天命”的制约。在“天人合一”的思想中，其实人可以统归为生活在世界上的普通凡人，是我们芸芸众生中的任何一员。因而，人作为天人合一思想的一个主体，它具有极大的作用。正如董仲舒在《春秋繁露·人副天数》表述的“天地之精所以生物者，莫贵于人”。

“合一”可谓是“天人合一”思想的灵魂，是点睛之笔，它是对“天”与“人”之间关系的具体描述。“合一”就是自然万物与人类社会的关联合归于德与道。《韩·文言》中记述：“夫大人者，与天地合其德，与日月合其名，与四时合其序，与鬼神合其凶，先天而天弗违，后天而奉天时”，是天人合德论的体现。“人法地，地法天，天法道，道法自然”（《道德经》第二十五章）。从中看出宇宙有四大，而人是其中之一，人以地为法则，地以天为法则，天以道为法则，可见天和人也是以道为法则的。

“天人合一”作为中国古代生态思想的哲学基础，通过阐述人与自然相互统一的关系，认为人与自然是一体的，不是对立的，是相互交融的，不是相互排斥的。

首先，从生存论的角度看，“天人合一”的主体思想是天与人，人与自然的关系是相生相依的。“大哉乾元，万物资始，乃统天”（《周易·乾卦》）；“志哉坤元，万物资生，乃顺承天”（《周易·乾卦》）。天地是万物生存的本源，为世界万物的生存和繁衍提供了必备的生存条件，是世间万物存在的前提，也是天人一体滋生的基础。孟子云“万物皆备于我矣”（《孟子·尽心上》），意思是万事万物都已经为我准备好了，这是典型的主观唯心主义论，然而当人心与天地之理相通达时，天与人合而为一。张载延又曰：“天人不须强分，《易》言天道，则与人事一滚论之，若分别则只是薄乎云尔。”（《横渠易说·系辞下》）指天道与人事不应该分开，分开讲是没有意义的，它们是同气同理的。庄子亦云："天地与我并生，则万物与我为一。"（《庄子·齐物论》）因此，在宇宙这个时空中，天地、万物、人是在偶然与必然中演绎着生与死轮回交织的舞台大戏，天地人三者是相辅相成的。

其次，从认识论的角度看，人作为有思想的主体，具有知晓天道规律的能力，以及通过对自身的省悟观察，构建出人的生存之道，所以人道的本源是天道。"能尽物之性，则可以赞天地之化育。可以赞天地之化育，则可以与天地参矣"（《礼记·中庸》），文中提出能够"赞天地之化育"进而"与天地参"，才使人道得于天道，人道的建立是在不断地遵循着天道的规律逐渐形成的。"与天地相似，故不违；知周乎万物而道济天下，故不过；胖行而不流，乐天知命，故不忧；安土敦乎仁，故能爱。范围天地之化而不过，曲成万物而不遗，通乎昼夜之道而知，故神无方而《易》无体"（《周易·系辞上》）。意思是只有遵循天道，才有成就仁爱之人道的可能。

最后，从实践论的角度看，人不仅是有思想的个体，更是通过道德约束自己并弘扬道德的主体。天地是创造万物的母体，但是它没有感知、没有心灵，因此不能寄托道、不能弘道，所以只能是通过人来弘道。人集天地灵秀于一体，有血有肉有情有义有思想有灵魂，既能通过道省察吾身，又能以己度人。"水火有气而无生，草木有生而无知，禽兽有知而无义。人有气有知，亦且有义，故最为天下贵也"（《荀子·王制》）。人不是天生就成为弘道的个体，只有那些与天地共生的君子、圣人才是弘道的主体，是因"天行健，君子以自强不息"（《周易·乾卦》）；"地势坤，君子以厚德载物"（《周易·坤卦》）。君子有坚强的意志和浑厚的美德，是为弘道之基础，从而成就天地之道。"故天地生君子，君子理天地；君子者，天地之参也，万物之总也，民之父母也"（《荀子·王制》）。而"圣人尽人道而合天德。合天德者，健以存生之理；尽人道者，动以顺生之几"（《周易外传·无妄》）。因此君子、圣人能弘天道、合天德进而修成人道，通过自身的道德实践和价值追求，形成物我合一的境界，达到人与自然的和谐共生。

"天人合一"思想作为中国古代思想的哲学基础，在中国哲学史上有举足轻重的地位。在古代各大思想流派中，对"天人合一"思想的解释纷纭，莫衷一是，主要有道、儒、佛三家观点。

第二节　中国传统文化中的生态思想

一　道家生态思想

道家是中国古典哲学史的主要流派之一，以老子和庄子为主要代表。道家在遵循“天人合一”思想的同时，也在此基础上提出了自己的思想观念，主要有三部分：一是强调万事万物应该以它本来的面貌生存发展，不应被外界所干扰；二是认为世间万物生来是平等的，没有高低贵贱之分；三是道家的养生之道推崇勤俭节约的生活方式，褒扬清心寡欲的生活态度。这三方面都蕴含了深刻的生态学含义，可以概括总结为我们要尊重自然、善待自然、与自然和谐相处。

（一）道法自然

道家提倡的“道法自然”讲求的是人类应该尊重自然规律，保障事物随其本性自然发展，也就是所谓的一切顺其自然。这种平和地对待事物的态度，既没有掺杂自己的好恶，有没有追名逐利的目的，就会使一切事物都得到公正平等的对待。“泉涸，鱼相与处于陆，相呴以湿，相濡以沫，不若相忘于江湖”（《庄子·天运》），体现出道家所谓的“大爱无爱，大仁无仁”的境界。

道家的思想观念的起源在老子的《道德经》有许多记述，如“大道泛兮，其可左右。万物恃之以生而不辞，功成而不名有。衣养万物而不为主，常无欲，可名於小。万物归焉而不为主，可名为大。道生之，德畜之，物形之，势成之。是以万物莫不尊道而贵德。道之尊，德之贵，夫莫之命而常自然。故道生之，德畜之，长之育之，亭之毒之，养之覆之。生而不有，为而不恃，长而不宰，是谓玄德。”① 在老子的心中，认为道是一切事物生长的本源，德能孕育万物，道德虽是万物之母，但它不对其进行干预，让万物顺其自然地生长。

天道无常，老子认为人类社会也应该遵循这个规律。“人法地，地法天，天法道，道法自然”（《道德经》第二十五章）。“道法自然”强调的是要听任自然的安排，顺应自然的规律。而人道又起源于天道，所

① 胡化凯：《简论道家思想的生态伦理学意义》，《自然辩证法通讯》2010 年第 2 期。

以老子把自然无为作为人类的基本道德。"上德不德，是以有德。下德不失德，是以无德。上德无为而无以为。下德无为而有以为"（《道德经》第三十八章）。老子认为真正有道德的人会顺应天意，不对事物加以干预，而对待事物混杂自己的喜好有所偏爱的，实际上是没有德行的表现。

庄子继承并发展了老子道法自然的思想。庄子在《庄子·大宗师》和《庄子·秋水》中分别写道"不以心捐道，不以人助天""无以人灭天，无以故灭命"。这两句话都表达了庄子的顺天思想。"因是已，已而不知其然，谓之道"（《庄子·齐物论》）；"何谓道？有天道，有人道。无为而尊者天道也；有为而累者人道也"。从中我们可以看出，人道是源于天道的，这是道家主张的观点。"无为为之之谓天，无为言之之谓德，爱人利物之谓仁……"（《庄子·天地》）；"天无为以之清，地无为以之宁，故两无为相合，万物皆化生……故曰天地无为而无不为也"（《庄子·至乐》）；"天地有大美而不言，四时有明法而不议，万物有成理而不说。圣人者，原天地之美而达万物之理。是故至人无为，大圣不作，观于天地之谓也"（《庄子·知北游》）。庄子的这些言论都反映出他对无为的推崇，认为圣人应该效仿天地，无为和不作。但圣人的这种"无为和不作"并不是一种消极避世的人生态度，之所以"无为"和"不作"是因为圣人已经和天地同源一体，不再需要外在的东西。

老子的"复归于朴"（《道德经》第二十八章）和庄子的"求复其初"（《庄子·缮性》）都在告诉人们要摆脱外物的束缚，回归到最初的天性里去，不被"有为"所累，真正地返璞归真，享受淳朴之境的美感。道家的自然无为思想，摆脱了世俗欲望的束缚，是一种超凡脱俗的道德境界。从道家的视角出发，如果我们以自然无为的观念来对待世间万物，遵从自然规律，还原事物的本性，尊重生命的自然发展，不对其施加外物的影响，这时宇宙空间里的万事万物才能达到真正的平衡与和谐，这正是生态文明思想的朴素哲学表达。

（二）众生平等

道家认为世间的一切事物都有其存在的价值，没有高低贵贱之分，万物是平等的。先秦时期，把人和其他动物区别开来，认为人高贵于天地其他事物之上。而老子和庄子都认为，从道的观点出发，一切万物是平等的。

“道生一，一生二，二生三，三生万物”（《道德经》第四十二章）；“且道者，万物之所由也，庶物失之者死，得之者生”（《庄子·渔夫》）；“夫道，于大不终，于小不遗，故万物备”（《庄子·天道》）。通过老子和庄子以上的观点分析，我们可以看出，老庄认为世间万物都是由道得来的，从道的角度出发，可知各种事物的存在都应是平等的。

“以道观之，物无贵贱。以物观之，自贵而相贱。以俗观之，贵贱不在己。以差观之，因其所大而大之，则万物莫不大；因其所小而小之，则万物莫不小；知天地之为稊米也，知豪末之为丘山也，则差数睹矣。以功观之，因其所有而有之，则万物莫不有；因其所无而无之，则万物莫不无；知东西之相反而不可以相无，则功分定矣。以趣观之，因其所然而然之，则万物莫不然；因其所非而非之，则万物莫不非”。从中可以看出，庄子认为自然界的万物是生而平等的，但从事物本身出发，每个个体的功用和自身的性质特点是不一样的，每个存在的物体都有其必要的价值，但透过认识主体主观思想和观念的不同，事物之间是截然不同的，所以说事物之间的区别是相对的而非绝对的。但庄子认为，事物之间虽然存在差异性，但每个物体的存在都有其存在的价值。不同的事物它所擅长的本领是不一样的，我们不能以点概面，只从一个角度对不同的事物进行评判。万物只要存在，就都有其存在的理由和价值，也都有适合它们的生活方式和特点，因此众生是平等地存在于宇宙中。

在庄子的思想中，虽然他不否认万物之间的差别，但他也认为无论事物之间的区别多大，他们也都具有统一性。“故为是举莛与楹、厉与西施、恢恑憰怪，道通为一”；“天下莫大于秋毫之末，而大山为小；莫寿于殇子，而彭祖为夭。天地与我并生，而万物与我为一”（《庄子·齐物论》）。庄子认为事物之间的差异是明显的，但也是统一的，最终都会都归于道。

“当是时也，山无蹊隧，泽无舟梁，万物群生，连属其乡，禽兽成群，草木遂长。是故禽兽可系羁而游，乌鹊之巢可攀援而窥。夫至德之世，同与禽兽居，族与万物并，恶乎知君子小人哉，同乎无知，其德不离；同乎无欲，是谓素朴”（《庄子·马蹄》）。道家提倡的“至德之世”认为人生而是没有高低贵贱之分的，人人都能做到清心寡欲，万物就会形成一幅和谐的画面。

从以上我们可以看出，从宇宙的格局看，世间万物是统归于道的，万物来源于道，因而属于同一主体，没有什么贵贱之分。从每个物体自身的角度看，本身都会认为自己的价值是在其他事物之上的，总会产生清高之感。从世俗的观念来说，对事物的评价都会设立一个标准，因而它的价值并非仅取决于自身，还会受到其他价值观念的影响。然而，道家的观点是最客观和公正的，没有掺杂个人的情感，也没受到外物的影响。所以，从天道的本质来讲，世间的万事万物都是生而平等的，没有高低贵贱之分。对当代而言，人类在工业化时代的生产与生活行为也应遵从众生平等的原则，尊重并保护万物赖以生存的生态环境。因此，生态文明思想就是众生平等思想的现在表述。

（三）知足寡欲

道家的养生之道奉承勤俭节约的生活方式，减少欲望调和身心，达到物我的平衡。首先，道家认为若要使自己的身心得到解脱，不被外界的变化所干扰，就要顺其自然。不把世俗的观念和价值评判标准强加在自己身上，摒弃外来因素的牵绊，以自然的规律为法则，顺乎自然的发展，使心灵驶向安宁的彼岸。其次，要少私寡欲，不能过度强求自己实现望尘莫及的事情，抵得住外界的诱惑，使心灵得到超脱，从而保持身心的平和。通过“虚其心，实其腹，强其骨”（《老子》第三章），达到排斥外界干扰的目的。在当代经济社会中，人们的心灵被太多的欲望束缚，使内心得不到应有的宁静，稍许的挫折，就会在心理上形成一种不必要的枷锁。老子说：“名与身孰亲？身与货孰多？得与亡孰病？是故甚爱必大费，多藏必厚亡。知足不辱，知止不殆，可以长久。”（《老子》第四十四章）名利和生命相比哪个更亲切？生命和货物相比哪个更贵重？得到身名和失去生命相比哪个更有害？过分的爱名和过多的货物都会带来不必要的消耗和损失，因而我们要懂得知足，做事情要适可而止，这样才能远离危险，保持身心的长久存在。这也是对北宋文学家范仲淹提出的“不以物喜，不以己悲”的最好诠释。

道家也反对奢侈浪费，认为外界的享乐会让人迷失自己，打破原本的宁静，扰乱正常的生活秩序。老子认为人们在追求物质享受的时候应该把握好尺度，能够满足生存就好，没有必要奢求过多的外在物质。因为，在老子看来，物质的享受会让人产生过多的欲望，迷失自己的心灵，伤害身心的健康发展。而庄子的追求更为极致，认为人本身应该是一个无欲的状态。因为，在庄子的观念里，欲望不仅会对人的身体健康产生危害，使人疾病缠身，而且也会打击人的精神世界，扰乱人心，更有甚者会使人丧失本性。他认为人要想摆脱欲望的枷锁，需要从忘物开始，然后忘我，最后达到物我两忘的境界。从老、庄两位道家学派的代表人来看，道家追求的淡泊名利、清净寡欲的生活方式，认为贪图享乐盲目地追求欲望会使人丧失天性，使身心失衡。老子曰："我有三宝，持而宝之。一曰慈，二曰俭，三曰不敢为天下先。"（《道德经》第六十七章）勤俭慈爱淡然的生活态度，才能使身心愉悦。老子的"修之于身，其德乃深"（《老子》第五十四章），庄子的"道之真以治身"（《庄子·让王》）。两者所要表达的是要人应消除内心的矛盾，调整心态，善待自己，善待别人，善待周围的事物，用海一样的胸怀来容纳万物。面对生活要保持一颗宁静的心，平和地处理生活中的事情，做到知足常乐，淡泊明志，使身体和心灵都能轻松自在，卸掉欲望的牢笼，平安健康地生活在宇宙中，在人与自然的和谐中收获安静祥和的自己。

二　儒家生态思想

儒家思想在中国古典哲学史上具有举足轻重的地位，其内容主要包括"仁、义、礼"三学，仁学主要是教导人们尊重他人，有爱人之心；义学主要讲的是人在为人处世中要学会变通；礼学探讨的是做人要学习规矩，处事要有一定的规范。蕴含其中的生态思想也绵延几千年，从春秋时期一直延伸至宋明理学时代，这时期的思想均是在"天人合一"的源头上发展起来的。

（一）先秦时期

孔子的"知命畏天"思想，总体表现在"吾十有五而志于学，三十而立，四十而不惑，五十而知天命，六十而耳顺，七十而从心所欲，不逾矩"（《论语·为政》）；"君子有三畏：畏天命，畏大人，畏圣人之言。小人不知天命而不畏也，狎大人，侮圣人之言"（《论语·季氏》）。孔子在这里阐述的"知天命"的意思是人能够了解天道的规律，在此基础上，通过自身的实践理解形成人道的作风，从而能够达到"六十而耳顺，七十而从心所欲，不逾矩"的境界。而"畏天命"指人应该常怀敬畏之心，天道是人道的发源之泉，对人道有一定的统摄能力，因而人不应该随心所欲地对待天道和自然界的万事万物。孟子的

“顺天者存，逆天者亡”（《孟子·离娄上》），正是表达了对天道的敬畏之心。所以，为人处世之道应是在不违背天道的基础上，遵循自然界的法则，才能获得生存的机会。

先秦儒家思想认为大自然是人类居住的家园和生存的场所，如“今夫天，斯昭昭之多；及其无穷也，日月星辰系焉，万物覆焉。今夫地，一撮土之多；及其广厚，载华岳而不重，振河海而不泄，万物载焉。今夫山，一卷石之多；及其广大，草木生之，禽兽居之，宝藏兴焉。今夫水，一勺之多；及其不测，鼋鼍蛟龙鱼鳖生焉，货财殖焉”（《礼记·中庸》）。天地的广阔，草木及飞禽走兽，河海山川，鱼鳖虾蟹，日月星辰，这些自然资源都是人类赖以生存的基础条件，拥有自然界这些纯天然的宝藏，才能够使人类得以不断繁衍生息。

先秦儒家关于人与自然关系的主体思想可以归纳为三点：

第一，大自然犹如一个万花筒，包罗万象，而人也不过是其中的一部分。人类的思想、情感和性情很多是得益于自然的馈赠。孔子曰：“小子，何莫学夫诗？诗，可以兴，可以观，可以群，可以怨。迩之事父，远之事君。多识于鸟兽草木之名。”（《论语·阳货》）美丽的诗句给予我们美好的心情的同时，也是对情的表达，对理的抒怀，而草木、鸟兽这些外在的自然景观恰是我们传达信息的途径和方式。自然景色不仅能陶冶我们的情操，给我们的身心送上愉悦的快感，也能够帮助我们修身养性，所以说人类的活动是与大自然息息相关的。

第二，人类在与自然相处的过程中，应该学会保护自然资源，不应过度地开采以及乱伐滥砍，破坏生态平衡，扰乱大自然生养作息的规律。“树木以时伐焉，禽兽以时杀焉。夫子曰：‘断一树，杀一兽，非以其时，非孝也’”（《礼记·祭义》）。孔子认为，我们应该按照事物的时节来砍树、猎物。如果没有时间观念，荒乱无度地乱杀滥砍，破坏事物的生长规律，是不孝的表现。而对于崇尚“孝”的儒家思想来说，这样的行为是没有规矩和限度的，已经超越了一个人的基本道德底线。“不违农时，谷不可胜食也；数罟不可胜食也；斧斤以时进山林，材木不可胜用也。谷与鱼鳖不可胜食，材木不可胜用，是使民养生丧死无憾也。养生丧死无憾，王道始也”（《孟子·梁惠王上》）。孟子的思想也认为我们应该遵循四季的规律和自然的法则，合理地利用自然资源，这才是治国为民的良策，也是王道的表现。“五谷不时，果实不熟，不粥于市；木不中伐，不粥于市；禽兽鱼鳖不中杀，不粥于市”（《荀子·王制》）。荀子的观点和孔孟一样，认为人们应该遵循自然的规律，尊重自然的发展，他还指出之所以人们会违背天时，是受商业利益的驱使。因此，没有穷尽的对物质的贪婪，就会使自然资源得不到合理的支配，甚至遭受严重的破坏。

第三，在日常的生活中，人们应该养成勤俭节约的好习惯，切忌骄奢淫逸的生活方式。虽然节俭的行为会使表面显得简陋，但是它能够让人修身养性，它的益处比奢侈浪费带来的表面浮华要大得多。这也是对儒家思想“礼学”的深层解释，礼的本质是让人们表达内心深处真正的情感，而不是只注重表面的形式。

以上是对孔孟荀思想的简单阐述，可以看出，先秦时期的儒家思想是一以贯之的，都认为人道得源于天道，并且讲究人类的生产生活要合理地利用自然资源，尊重自然生态的规律。

（二）宋明理学时期

宋明理学思想在宇宙论的空间中，认为天道是一切事物的本源，并且由人来弘道传道的，天道生德并最终形成世间万物皆为一体的境界。

1. 天道是世间万物的本源

“太虚无形，气之本体，其聚其散，变化之客形尔；至静无感，性之本源，有识有知，物交之客感尔。客感客形与无感无形，惟尽性者一之”（《正蒙·太和篇》）。该观点是指有形的天地万物和无形的太虚之境以及客感客形的万物共同组成了一个完整的天地。“天地安有内外?言天地之外，便是不识天地也。人之在天地，如鱼在水，不知有水，直待出水，方知动不得”（《河南程氏遗书》卷二上）；“苍苍者亦是天，在上而有主宰者亦是天，各随他所说。虽说不同，又却只是一个。”（《朱子语类》卷七十九）这两句话都是对天地本一体的最好诠释。

天道是万物的本源，宇宙的万事万物都由天道而来的，物质的本性和人之本性不过是天道的外在表现形式。而人作为宇宙万物的其中一个组成分子，和其他的存在物没有本质上的区别，都是天道之子。

作为世间万物本源的天道，其实它就是万物在进化过程中，“德、心、仁”的具体表现，天道天德是生灵成长的源泉，也是万物以善为本的生命之德。“万物之生意最可观，此元者善之长也，斯所谓仁”（《河南程氏遗书》卷十一）。这要求人如果要做到仁，应该通晓万物之生意。

我们所讲的生态学的含义，实际上是指人与自然要和谐相处。这里的自然指的是自然界本来就存在的一切有生命的物体，以及滋润万物的阳光雨露和日月星辰、山河湖泊，既然天道是万物的本源，说明自然界和人是同源同体的。

2. 人是弘道的主体

虽然天道是万物的本源，是创造万物的本体，但它没有情感意识，所以天道在创造万物的时候，并没有体恤万物之所需。人作为有情感有思想的个体，可以通过自己的实践活动使天道的本质得以呈现，因而人在弘扬天道的过程中，起着传道士的作用。使天道得以有生命，得以永续地存在，不致最后孤独荒老。

人之所以有体恤万物的仁爱之心，是因为：第一，从本质上讲，人是自然界的一部分，“天地之塞，吾其体；天地之帅，吾其性”（《正蒙·乾称篇》）。天地不仅创造了人，而且也使人有了价值和德性。第二，人虽然是来自天地之间的存在，与天地是一个共同体，但并不是与天地混而为一的。从本质上来讲，天地是没有情感客观存在的事物，而人是有自己独立的思想情感和意志的，人的这种感情能够通达万物之理，拥有仁爱之心，能够以善念来弘扬天道。总而言之可以概括为：“天能谓性，人谋谓能。大人尽性，不以天能为能而以人谋为能，故曰‘天地设位，圣人成能’”（《正蒙·诚明篇》），意即天地与人既是一个统一的整体，又是相互分离的个体，所以人具有弘道的本能。

人想要做一个合格的传道者，需要先继承天道之善，天道天德不是以个人的意志为转移的，也不是由个人创造和增减的，人应该顺应天道的本意，通过体察省己并随着天道的变化而进退自如，这样循环往复，德性自然而然就会形成。

拥有过人的仁爱之心，才是以善成性之人。“大人者，有容物，无去物，有爱物，无徇物，天之道然。天以直养万物，代天而理万物，曲成而不害其直，斯尽道矣”（《正蒙·至当篇》）。大人对待世间万物的态度是一样的，不会有强弱聪愚之分，以天道之理来爱护万物。而圣人会合天德行事，万事不强求，万物不强取，以仁爱之本性顺理天地之万物。

大人和圣人的仁爱之心，也是儒家思想的根本。大人和圣人用一颗体己之心体恤世间的万物，就会拥有一份推己及人的爱。“是故见孺子之入井，而必有怵惕恻隐之心焉，是其仁之与孺子而为一体也，孺子犹同类者也，见鸟兽之哀鸣觳觫，而必有不忍之心，是其仁之与鸟兽而为一体也。鸟兽犹有知觉者也，见草木之摧折而必有悯恤之心焉，是其仁之与草木而为一体也。草木犹有生意者也，见瓦石之毁坏而必有顾惜之心焉，是其仁之与瓦石而为一体也。是其一体之仁也，虽小人之心亦必有之。是乃根于天命之性，而自然灵昭不昧者也，是故谓之‘明德’”（王阳明《〈大学〉问》）。仁爱之心是一种广博的情怀，在不同的对象不同的际遇下，都会表现出一种博爱之心，每时每刻都会对事和物展现出怜悯之心，同情之心，恻隐之心，这样一种善念的情感，久而久之就会形成一种良好的品德，但这些可贵的品质的本源是由天道而来，积善成行也是天道之大德。

3. 乾父坤母，民胞物与

人通过自己的道德实践活动把天道天德融入做人的原则中，使人性中饱含天道之德，以实现人与自然的和谐。然而，若想完成这样的美好夙愿，须首先明白“生有先后，所以为天序；大小、高下相并而相形焉，是谓天秩。天之生物也有序，物之形也有序”（《正蒙·动物篇》）。人在天地之间生存，须明了宇宙间的事物都是有先后的，并且没有物体能够自己孤立地存在。人在与世间的万事万物相处的过程中，共同遵守着自然界的法则，在所谓的“天秩天序”的规则下，与自然和谐地相处。这种和谐的意境张载称为“乾父坤母，民胞物与”。

人是宇宙间一个渺小的个体，万物是生命的本源，天地是滋养人生存的摇篮。作为生存在天地间的物体，人理应顺从天道天德的价值观念，把天地看作养育自己的父母，不违背人伦道德，自然而然地视自然界的一切如自己的兄弟姐妹，如血肉相连的亲缘关系，与自然界相融为一体。

对待有形的天地万物，我们应常怀敬畏之心，关爱天地间的生命，尊重万物存在的意义。人作为“万物之灵长”，能上参神明，下知宇宙，将天道天德融入自己的人性中，在精神世界和道德追求中达到“民胞物与”的境界。

因此，乾父坤母，民胞物与是人能用善念体察人世间的一切，用仁爱之心实现自己的道德和价值追求，获得永恒的“道德性命”。“道德性命是长在不死之物也，己身则死，此则常在”（《经学理窟·义理》）。

宋明理学的人与生态和谐思想，实际上是通过人的道德实践活动显现天道的价值，以及达到“民胞物与”的人生目的。通过这样的道德传递，可见人道是在天道的基础上实现的，人道来源于天道，又与天道相互融通。宋明理学思想的价值只有通过人这个道德主体的实践活动才能实现，因而从本源上讲，虽然不是以人为中心的，但在实践中人的中心主义思想不可或缺。

在自然界中，虽然所有的生命本质上是向善的，但是却不能向人类传递这样的讯息。人只有主动发挥自己的道德实践作用，才能使天道天德的思想变现。从宇宙本体论上讲，宋明理学的生态思想中的天道既是人类社会的道德法则，也是自然的生活准则。人类之善的本性以及仁爱之心通过道德主体的实践活动，实现“乾父坤母，民胞物与”的生命宗旨。

三 佛家生态思想

佛家思想作为中国古代哲学的一部分，源于古天竺，进入中原后得到发展，并与中国的玄学融通，形成了具有中国特色的佛学。中国的佛教思想源远流长，博大精深，已成为世界宗教的一部分。佛教的众生平等、慈悲情怀、自觉他人等思想，彰显了其对生命和人性的参悟，体现出人与自然和谐共处的思想，对当今生态文明伦理体系的形成具有重要的借鉴意义。

（一）众生平等

中国古代关于平等的观念在道家中也得到阐述，但佛家把平等的含义从有生命的动物扩展到没有生命的植物以及无机体，认为凡是在宇宙中存在的东西都应被同等对待。

佛教众生平等的含义是一切生物都具有佛性，从佛家的宇宙观来看，宇宙是由佛性和人的自性变现而来的，如普贤菩萨摩诃萨所说：“世界海有十种事，过去、现在、未来诸佛，已说、现说、当说。……何者为十？所谓如来神力故，法应如事故，一切众生行业故，一切菩萨成一切智所得故……”这里的“世界海”就是宇宙的意思，它所表达的意思：一是指佛力无边，宇宙之大主要是由佛的神力创造的，既有佛的本性产生的清净的国土，也包括由人的自性产生的秽土；二是指在芸芸众生中，人所生活的这个世界是由人的自性演变而来的，但由于人的内心没有形成一片清净无为的土地，所以这个婆娑的世界是污浊的。在佛的世界里，佛的心是没有被污染的，是一片净土。而众生的心境受到七情六欲的左右，所以它所呈现出来的是被尘世沾染的婆娑世界。按佛家的宇宙观，宇宙内的一切事物在本质上是一致的，不分彼此。

佛教强调的众生平等，指的是众生生来是一元的、平等的，具有平等的生存权和发展权。佛陀云："一切众生皆有如来智慧德相，但以妄想执着而不得。"佛陀认为在人的内心世界中有两个声音：积极的和消极的，正面的和负面的。前者对我们而言是有利的，能够开发我们的智慧，是我们人生获得快乐的源泉；后者对我们而言是有害的，会破坏我们心里的平静，制造麻烦和痛苦，不能使我们做到"不以物喜，不以己悲"。

佛教众生平等的另一个角度是以人为本，首先是以人的生命为本。就是要求我们在生活中要尊重他人，关心人性，超越痛苦，开发人内在的智慧。用慈悲的心怀来感恩世界，用一种积极的心态面对生活。佛家的以人为本和以神为本是完全不同的，因为世界上很多的宗教认为，人类本是由神创造的，所以关注点在神而不是在人。佛家的以人为本的焦点在人，宗旨是关注和改善人的物质和精神世界，这与西方的人文主义思想又有很多的不同。西方的人文主义思想认为，人是世界的主宰，人可以根据自己的需要来改变世界，对于世界的改造和创新具有目的性。而佛家文化里的以人为本认为，人不能为所欲为地根据自己的想法改变世界，世界不只是人的世界，而是一切生物体的世界，没有谁主宰谁这一说，众生应是平等的，我们应该尊重世界上存在的一切有生以及无生的生命。

众生平等的另一个观点是不杀生和放生，佛家认为世间的一切事物是没有高低贵贱之分的，都应该受到保护和尊重。佛家认为世间的一切事物都是一体的，都具有它本身的存在必要。人类与自然也是相互融通的，这种思想对于生态保护具有重要的意义。正如罗尔斯顿所说："人类的生命是浮于以光合作用和食物链为基础的生物生命之上而向前流动的，而生物生命又依赖于水文、气象和地质循环。在这里，生命同样也并非只限于个体的自我，而是与自然资源息息相关。我们及我们所拥有的一切都是在自然中生长和积累起来的。"[①]

---

① 王云梅：《尊重生命　热爱自然——佛教的生态伦理观浅析》，《东南大学学报》（哲学社会科学版）2001年第12期。

佛家从佛的内在性出发承认众生平等，认为世间存在的一切事物都是有佛性的，不仅有生命的事物有佛性，没有生命的东西也有佛性的，这就是所谓的“有情，无情，皆是佛子”。这种尊重世间万物的思想，朴素地体现了生态文明所要求的人与自然和谐共处的内在要求。

（二）慈悲情怀

人生在世，肯定不能处处时时都顺应自我，而产生痛苦的原因大概有三点：一是无知，没有参透生命的智慧，不明白人生现象的前因后果，用错误的观念指引自己的行为，这样就会产生不定时的痛苦和欢乐、悲伤和狂喜的交替，使自己的心境得不到释放和解脱。二是执念，任何事情都会加上一个“我”字，处处以自我为中心，把“我”看成是主宰一切的主，对于金钱、地位、名利都会加上一个主语“我”。在佛法看来，“我”只不过是生命的一个代号，并不是真正的自己。对于“我”的过分执着，就会产生无尽的烦恼和过多的痛苦。三是造业，佛法认为人的行为无非有三种：善行、恶行、无记行。而这三种行为都会有因果报应，只是报应的时候不确定。

佛家认为，人活一世，已然痛苦缠身，即使麻烦不来找自己，自己也会无端地生出许多烦恼。对于自身而言：第一，我们应该多行善事，不仅行动向善，心灵也应该有善念；第二，要相信世间的无常，坦然地面对所有的悲欢离合；第三，看待事物不能拘泥于事物的表面，而是要渗透到它的内在去寻找真相；第四，要放下自己心中的执念，让心灵回归一片宁静的故土。

面对纷纭的众生，我们应该以慈悲心怀来对待他们。使每个生灵能够得到生活的慰藉，感受到人性的温暖。人生是有轮回的，佛法认为人和自然界有生命的动物的今世前缘是联系在一起的，人死后或许会变为动物，动物死亡后来生有可能生成人，而这样的生死轮回和因果报应是结合在一起的。如果一个人生在世上的时候，行善居多，来生很可能还为人。如果一个人恶行满天下，死后很可能会投胎为动物。世事变幻，也许唯一不变的是，无论我们生活在哪种环境下，都应该有一颗慈悲的心，用爱容纳万事万物。

佛家的慈悲心怀强调对其他生命的关心和爱护，从众生平等的立场出发，主张要善待宇宙中的万事万物，在必要的时候甚至要放弃自己的利益。池田大作认为，佛法能够引导人们“从利己主义的人生态度转变为对全社会的人和一切生物施加慈爱的人生态度，这本身就可以说是一种伟大的革命”。佛家最大的情怀在于普度众生的思想上，从佛法的角度讲，慈就是给予人快乐，悲就是消除人们心中的痛苦。佛家教导人们要有大慈大悲的情怀，大慈的意旨就是要与一切众生同乐，大悲的意旨就是要拔除众生的一切痛苦。南怀瑾指出，佛家的普度众生的思想为“所有一切众生之类，若卵生，若胎生，若湿生，若化生，若有色，若无色，若有想，若无想，若非有想，若非无想，我皆令入无余涅槃而灭度之”（《金刚经》），同儒家一样在走“亲亲、仁民、爱物”的推己及人路线。佛家倡导的慈悲情怀就是要求人们少做恶事多行善，尊重生命，珍惜生命，用一颗包容的心平等地对待万物。佛家认为世界万物是一个统一的整体，既包括人类自身，也包含自然环境，所以说从佛教的角度讲，人与自然界的万物是一个有机体，并且处在不断地循环的过程中，使宇宙得以保持平衡与和谐。如马丁布伯所说：“我也能让发自本心的意志和慈悲情怀主宰自己，我凝神观照树，进入物我不分之关系中。”

佛家的理念有上天有好生之德，然而平等的思想是其他一切信念的基础，慈悲是在平等的思想基础上衍生而来的道德情怀，这种情怀完全与生态文明所要求的尊重自然相契合。

（三）自觉觉他

《法华经》中说过：“若有众生，从佛世尊闻法信受，勤修精进，求一切智？念安乐无量众生，利益天人，度脱一切，是名大乘。”（《法华经》第九卷，台湾佛光出版社 1996 年 8 月版）意思是说人生在世，不仅要使自己在为人处世中得到利益，也能够使他人受益，不仅能够让自己在纷繁的世界中得到觉悟，而且也能帮助他人感悟生命中的一切。在佛家的思想中，自己和他人不是对立的物体，而是相互融通相互受益的。人生的漫漫长路中，免不了和他人共渡一舟，帮助别人也是在变相地帮助自己。佛法讲自己成佛固然重要，而众生成佛才是根本。

这里讲的“自觉觉他”就是在实现自我价值的同时，帮助别人实现他们的人生抱负和价值。在自我的基础上，把别人的利益也考虑到其中。人生短短数十载，任何一处的风光都不可能永恒，而佛法告诉我们在这个看似消极的世界里，其实存在永生的光芒，就是通过利人利己的思想使生命得到升华。

佛家文化强调的是集体或者整体的利益在个人利益之上，但它也不否认个人正当利益的存在。在维护自己利益的同时，不能做有损集体利益的事情。因为我们每个个体都不能独立地存在，生命的延续需要依附集体社会这个大的背景和环境，维护社会集体的利益，实际上就是在保护我们自己。

佛法还告诉我们，今天的生活是暂时的，而明天的岁月却是永久的。我们不能只顾眼前利益，不为长远打算。为此，作为一个有生命的个体，我们应该让自己保持一个良好的心境和健康的体魄，从消极和痛苦的阴影里走出来，悟道人生的大智慧和参禅生命。在让自己焕发光彩的同时，我们也应该帮助他人走上光明的道路。完善自己的同时，也不忘为他人添一盏灯。

佛法相信有因必有果，因果皆因缘。生命的延续不只是保护自身利益的收获，也是维护他人帮助他人的结果。帮助他人，形成善念，既能使现代人受益，又能惠及后世的子子孙孙。倘若不顾及生命的过去和未来这一因果关系，只顾眼前的小恩小惠，没有长远眼光，长此以往未来也许就不复存在了。正如太虚大师所说："我人的一举手一投足，语默动静，无一不与万事万物为缘而互通消息；更推广论之，山间的一草一木，海洋中的波涛与空气，天上的星球运作，无不与每一物互相为缘以致其违顺消长。"

佛家认为，自觉觉他，不仅有益于物质方面的获取，对于精神世界的培养也同样重要。毕竟物质财富是暂时的，生不带来死不带去，即使失去，对于生活的影响也只是一时，而精神方面的资产缺失则为永恒，不仅不能惠及当代也会影响未来。

佛家的"自觉觉他"思想也是人的心灵得到解脱的一种方式，所谓的心灵的解脱在佛理上讲是要人们戒掉贪、嗔、痴等妄念，从而立地成佛的行为。如果我们的心中不仅有自己还装着他人，就不会生出一些贪婪自私自利的想法，让自己深陷私利的泥潭不能自拔。若人人能做到心解脱就会给他人带来一个和谐的外在的生活环境，而外在的环境是心灵得到解脱的基础。《维摩经》云："至菩萨随其直心，则能发行。随其发行，随其深心，则意调伏。随意调伏，随如说行，则能回向。随其回向，随其方便，则成就众生。随成就众生，则佛土净。随智慧净，则其心静。随其心静，则一切功德净。是故宝积。若菩萨欲当净其心，随其心静，则佛土净。”表达了人要达到心静需要做到的事情，惠己及人只是其中的一部分。佛家此时所要表达的心境是更高一层次的境界，自觉觉他只是其中的一个分支。

通过以上对佛家思想的简单描述，我们得知佛家文化中众生平等思想是其他思想的基础，佛家的众生平等思想归结到一个字就是“和”的人生智慧。世间的一切事物只有相互和谐才能保持生态的平衡，才能构建一个和谐的社会。这种思想，缓和了人类社会与自然环境的矛盾，处处彰显着生态文明所蕴含的可持续发展思想。

第三章　中国特色社会主义与生态文明制度建设

第一节　中国特色社会主义生态文明制度建设的历史基础

中国特色社会主义开展生态文明制度建设首先决定于对中国特色社会主义的理论自信、道路自信和制度自信。中国特色社会主义道路具有悠久的历史基础，它是在总结过去40多年改革开放的经验中发展起来的，是在中华人民共和国成立60多年的摸索中建设起来的，是在对近代170多年的中华民族的发展历程中总结出来的一个具有中国特色适合中国发展的社会主义道路。中华民族是一个绵延不断生生不息极富创造力的民族。孕育产生的中华文明不仅是一个有着悠久历史的古老文明，也是迄今为止世界上唯一一个持续不断发展的文明。从生态文明发展的角度看，中华文明的持续发展有着历史基础，也包含具有中国特色的自然基础和人文基础。

一　自然生态系统

人类与自然在不断地适应并改造的过程中逐渐产生了文明，文明作为人类对自然界劳动和认识的产物，也包含着人类赖以生存所必需的地理环境条件。地理环境是人类开展一系列生存所需的物质产品和精神产品的生产活动的基石，也是人类文明进行一次次演绎发展的舞台。俗语有万物生长靠太阳，可知社会生活中每个生命的延续都离不开自然环境。中国的历史，自古以来就有广袤的国土资源和数条自西向东流的大河贯穿其中，宜人的季风性气候条件更是中国文明长期发展的重要的地理环境基础。

中国地处欧亚大陆的东端，东面靠太平洋，西面临青藏高原，南面是南中国海，北面是荒漠、戈壁贯穿其中的欧亚大草原，所以中国自古的地理位置就被多种优势的自然屏障团团包围。这种地理位置使长江、黄河流域的生态系统自成一体。从公元前 214 年秦朝开挖水渠到公元 612 年隋朝大运河，中国的水域网络沟通了黄河、淮河、长江和钱塘江四大水系，滋养了中华大地。中国整体的季风性气候为多种生命活动和生命过程同时进行提供了条件，因此植物和动物的种类繁多。

中国的生态系统大体上可以分为东南、西北和青藏高原三大自然区，这是在经历数万年的自然历史演化过程中逐渐发展形成的。然而，随着人类的出现和发展，人类活动成为影响和主导生态系统变化的一个重要方面，这使社会的生产方式、生产工具和生态系统都发生了巨大的变化。由此中华民族经历了从狩猎时代到原始农业社会、传统农业社会，再到工业社会的转变时期。原始农业的“刀耕火种”是人类掌握自然规律减少对自然界依赖的开始，青铜器和铁器的出现使人类劳动力的投入加大并加速了对自然界的改造，这个时期的人口规模在迅速增长，致使传统农业中出现了荒漠化、森林减少、水源枯竭等生态问题。清末时的洋务运动，打开了中国向西方工业社会学习的大门，惊醒了只知道依靠传统工具进行生产活动的愚昧的中国人。然而，生产技术的发展与创新在强化人类利用资源积累财富的过程时，也使生态系统失衡的矛盾变得复杂；生产效率的大幅提高在加快人类对自然资源的开采时，也使水土流失、干旱、洪涝、生物多样性减少等生态问题逐渐突出。所以，工业社会要比农业社会面临更多复杂的问题。

二　人文生态系统

中国是一个有着 960 多万平方千米土地、56 个民族的地域辽阔、民族众多、历史悠久的文明古国。中国传统文化的儒、道、释三教生态观及一些朴素的生活理念对中国特色社会主义生态文明建设具有重要的启迪作用。

中国传统文化的思想起源源远流长，长时期的农耕文明和大一统的封建帝国制，为许多经典创作和哲学思想提供了肥沃的土壤。天人合一的思想是中国古代宗教和哲学的核心，这种提倡和谐相处的文化也是中华文明意识形态推崇的学问之道。天人合一讲究的是人与自然要和谐相处，这种修养是一种思想境地，也是儒道两家共同秉承的观点。佛教宇宙论的三大劫即火劫、水劫、风劫，也是警示人类要保护环境以免由于自然环境的破坏而带来灾难性的后果。

中华民族是一个多元文化相互融合和谐共生的统一体。空间地理位置的不同是其形成的自然原因，不同的聚居生长环境形成了各具特色的民族文化。各个民族在长期的发展接触过程中，会相互吸收比自己优秀的文化，但又不会失掉自己文化的特色，这就形成了一个“你中有我，我中有你”而又和谐统一的多样性文化。各民族人民的智慧为中华文化的发展提供了延续的土壤，这种“随风潜入夜，润物细无声”的慢慢渗透犹如春风细雨般浇灌滋养着每个细小生命的成长。

爱惜生灵的美德一直是中国古代推崇的主流价值观，佛教讲究的众生平等与道教的人与自然的和谐主张，向我们传达了维护生态系统平衡的重要思想。古代文人知识分子朴素的生活理念——忌骄奢淫逸的生活享受和节制欲望的适度消费观，对我们保护生态环境具有不容忽视的价值和意义。

广大劳动人民在几千年的生产实践中积累了丰富的经验，创造了适合土地开发和生产的有机模式，与此同时政府也大力兴建水利农田设施，精耕细作与综合经营的方法，在满足人们物质需要的同时也保护了农业生产必需的自然条件。在日常的生产和生活实践中，人们在进行大量的劳作中总结有益经验，摸索出一种能够节约劳动力提高产量和生活质量的生产方式，走上了节约资源型、环境友好型和资源循环利用的道路。

三　社会生态系统

中国古代在保护生态和鼓励作物种类多样化的思想下，通过合理地利用生产技术和立法的方式使各种生态保护措施得以施行。无论在耕地技术、森林保护还是在环境卫生方面都给我们当代的生产生活方式及立法提供了一些值得借鉴的经验。

中国古代“先国后家”的思想，是中华民族几千年来实现大一统局面的重要的思想价值观念。中国无论是经济、政治还是文化，都是世界上最大的国家之一，然而语言却是其具有实际力量的工具。中华民族的延续需要在文化上有认同感，文化是凝聚中华民族的无形力量，因为共同的价值观念有利于人民生活的安定和经济的发展，所以行而上学的意识形态对统治者的管理具有事半功倍的作用。钱学森也强调，我们从自己的经验和世界各国的教训应该认识到：关系到环境保护和资源永续的资源再生问题是国家问题，不应该由各部门分散各自去管理。①

中国古代为了保护自然资源制定了一系列措施来维护生态系统的平衡，人类离不开自然资源，人类也需要依赖自然资源来维持自身的生存和发展。于是通过设置环保机构、立法、创立森林管理制度以及进行系统的农业生态规划等措施来保护环境，这些方法在一定程度上对生态自然环境的保护起到了积极的作用。

近代中国生态模式的变化主要表现在：1840 年鸦片战争，西方列强对中国人民的摧残，使中华民族遭受了前所未有的重创，无论是经济还是政治和文化都受到了史无前例的巨大影响。延续千年的封建思想受到怀疑和动摇，在当时的社会背景下人们急需一种新的思想，能够使他们从水深火热的生活中解脱出来，于是民主和科学的观念深入人心。封建体制下的官场陋习，给政治、经济和军事的改革背上了沉重的包袱。在半殖民地半封建社会的大背景下，落后的体制和文化使得西方国家先进的制度不能落地生根开花结果。殖民者的入侵带来的生态失衡也致使物种多样性遭到严重破坏。因而社会危机和战争的引发促使人们在民族危亡的时刻，寻找正确的道路从而进行了一系列的变革。由此可见，中国的传统文化和生态文明相契合的观念已根深蒂固。

新中国成立以来，经过改革开放 40 多年的不断努力，我国的经济政治和文化生活都取得了很大的进步。但在生态文明方面的实践经验还很缺乏，需要不断地探索与积累。人与自然的关系是相互的，人类只有懂得尊重自然、顺应自然、保护自然才能得到自然同等的馈赠。中华民族海纳百川，良好的环境保护意识和健全的法制是建设生态文明制度的基本条件。新中国 60 多年的发展向我们展示，建设中国特色社会主义生态文明制度是我们实现经济可持续发展和社会永续绵延的正确选择。

---

① 钱学森：《国家要统一管理资源的再生利用》，《中国资源综合利用》2002 年第 1 期。

第二节　中国特色社会主义生态文明制度建设的理论探索

理论指导实践，思想的力量可以决定人们的具体行动，在人们的实际生活和工作中起着方向指明灯的作用。在中国共产党的发展进程中，一直以来都坚持理论联系实际这一重要科学实践。

理论观念犹如大海航行中的一条小船，可以承载人们到达理想的彼岸。中国特色社会主义建立以来，之所以能取得如此辉煌的成就，与先进、科学、符合实际的正确的思想指引不可分割。从20世纪80年代开始就出现了生态文明制度建设的理论，这也促使我国率先走上了生态文明制度建设的道路。

一　对生态主义、生态马克思主义、生态社会主义的分析评价

从1978年中国实施改革开放以来，中国思想的大门就已经向世界打开。面对一切新奇的事物，中国社会开始了一连串的变革。而此时，西方马克思主义和生态马克思主义已经占据变壁江山，在资本主义社会的发展过程中产生了举足轻重的作用。在此背景下，我国学者许崇温发表的《"西方马克思主义"研究在我国的发展》一文，告知我们不要凭借自己的主观臆断，而是要根据客观事实科学的评判理解并运用马克思主义对中国的发展。

在我国集中研究马克思主义著作的时候，生态马克思主义的重要论著也涌进国人的大脑，为我们系统研究生态马克思主义和生态社会主义提供了诸多便利。德裔美籍哲学家和社会学理论家马尔库塞（1898—1979）在《单向度的人》一书中，指出技术对生态的负面效应是由技术被资本主义社会的统治集团所操纵从统治阶级自身利益出发，不顾及人民大众的利益而造成的结果；统治阶层为了自己短期利益，不顾对自然资源进行无休止的挖掘，造成资源的匮乏；他们还将污染物直接排放到自然界造成严重污染。这都表明了资本主义反生态本质，而科技作为

资本主义社会的统治手段也同样具有反生态的性质。[①] 马尔库塞认为之所以会形成这样的局面，是因为资本主义统治阶级对技术的使用削弱了人们对自然的支配力量。由此我们可以看出，资本主义制度发展本身存在其固有的约束。

西方马克思主义尽管在理论上为人类社会的进步和发展提供了许多精彩的论著，但由于资本主义制度属性的个人局限性使它的理论研究也不可避免地出现局部性的特征。余谋昌翻译的《活物质》一书，强调把有机体总和作为活物质的整体来研究物质的地质作用。活物质在他的翻译中被定义为是以重量、化学成分、能量、空间特征表示的有机体的总和。他指出，随着人的出现，生物圈受新的力量——人的智慧的力量的改造，生物圈发展的自然进程受到破坏，其性质发生了变化，从生物圈演化到了新阶段——智慧圈。智慧圈是建立人和自然界的合理的相互关系，人以自己的智慧和劳动改变地球，人的作用成为生物圈的新机制。[②] 余谋昌在《生态文明论》一书中，指出以浪费资源而取得发展的资本主义社会必然被以节约资源保护环境的社会主义社会所取代，从哲学层面上是人们对生态文明的内涵达到了新的高度。

改革开放以来，虽然我国的发展取得了举世瞩目的成就，但水污染、大气污染、自然资源短缺等生态问题接踵而至。在这样的环境下，我国拓宽了关于生态文明知识著作的出版和研究领域。生态文明系列丛书的主编俞可平认为，生态文明就是人类在改造自然以造福自身的过程中为实现人与自然的和谐所做出的全部努力和所取得的全部成果，它表征着人与自然相互关系的进步状态。从中我们可以看出，人类在建设生态文明的过程中起着主导的作用，仍是生态文明建设的主体。

二　中国化的生态马克思主义和生态社会主义理论探索

（一）中国马克思主义者在生态文明理论建设方面的探索

1. 中国生态经济的奠基人：许涤新

许涤新（1906—1988）1987 年主编的国内第一部《生态经济学》著作的问世，代表了我国生态经济学最早的理论体系，展示了当时我国

---

① 焦冉：《马尔库塞的技术生态思想——以〈单向度的人〉为视角》，《辽宁工业大学学报》（社会科学版）2012 年第 5 期。

② 维尔纳茨基：《活物质》，余谋昌译，商务印书馆 1989 年版，第 412—418 页。

在研究生态文明方面最高的理论水平。他强调，人与自然的和谐相处，是人类生存的基本条件。以破坏生态平衡来盲目地追求经济效益，势必会造成人们生产活动的失衡，不利于社会经济的长远发展。他指出，在社会主义发展的过程中，我们应该把经济发展与生态平衡结合起来，在注重经济效益的同时，生态环境也能得到良好的保护。他以经济学家的视角和历史责任感，为我国生态经济学的研究开拓了一片广阔的天地，对中国生态经济学的发展做出了卓越的贡献。

2. 中国可持续发展经济学与生态文明建设的先行者：张熏华

张熏华教授认为人类作为生物圈的高级消费者，其行为活动必然要遵从生态平衡理论，服从生态规律。同理而论，人类的社会经济活动也应该遵循生态平衡规律，保护环境节约资源，维持生物多样性，使人类社会能够得到永续发展。

3. 用资本论方法研究生态文明制度的经济学教授：孟氧

孟氧（1924—1997）教授非常重视维尔纳茨基的“活物质”理论。他揭示了西方发达资本主义国家是怎样通过先进的科学技术和资本积累活动把生态环境危机转移到社会主义国家的。他发现，在世界各国走向工业化城市的道路中，经济发展与生态环境失衡的矛盾会格外突出。他认为，人与人之间的和谐是人与自然和谐的基础，没有严谨的制度建设，就不能很好地处理自然与社会经济发展之间的关系。30 多年的实践经验和历史事实表明，孟氧的研究思想不仅没有因为时间的流逝而失去它的光彩，反而在历史的长河中一直闪闪发光。

4. 富有开创精神的生态经济传承人：刘思华

刘思华教授在对社会主义生态经济学研究的过程中，以生态经济协调发展理论为核心，在细致研究生态经济协调发展理论的基础上，揭示了生态与经济协调发展的规律。30 多年来，刘教授在生态经济学、绿色经济学、绿色产业经济学、可持续发展经济学等多个方面都进行了开创性的理论研究，为我国生态文明经济学的发展做出了不可磨灭的贡献。

（二）中国社会主义者在生态文明实际建设方面做出的努力

1. 中国生态文明建设的先行者：马世骏

马世骏（1915—1991）20 世纪 50—60 年代的研究方向主要是昆虫生态学，特别是在对飞蝗、黏虫和棉花害虫的生态防治方面有着深刻的研究，促进了我国生态农业的发展。到70年代，他的研究重心转移到人工生态系统，通过建立生态经济学，实现了经济效益和生态效益的统一；90年代初，他又提出了边际生态学设想，通过总结过去生态学的进展并分析其各个领域的研究内容和展望未来生态学的发展趋势，成为中国首个完整描述经济学研究全貌的科学家。

2. 中国环保事业的开拓者：曲格平

曲格平作为中国第一代环保事业的开拓者，认为生态文明是关乎人类存亡的重大变革。我们从自然环境中取得维持生计的物质必需品后，必须考虑到它能否继续满足我们子孙后代生活的需要，也就是它能否实现经济的可持续发展。他指出，人与自然应该和谐相处，建设生态文明，就要对涉及人们生活和社会生产的各个方面进行变革。曲格平教授作为我国环保事业的开拓者，对我国环保科技事业的发展和环保产业的兴起起了决定性的作用。

3. 民间非政府组织：自然之友

自然之友[①]是面向公众支持全国各地的会员和志愿者致力于保护本地自然环境的一个非政府组织。自然之友自成立以来，组织了一系列保护环境的活动，例如1995年发起的关于滇西北天然林和滇金丝猴的保护、藏羚羊的保护，他们把环境保护的意识深入人心，增强了公众参与环境保护的观念，推动了我国民间生态文明的建设。

4. 环保部

环保部[②]对我国生态文明制度的建设起着主导作用，一方面通过出台一系列的政策措施，为生态文明的建设提供了政策保障；另一方面通过加强环境保护方面的立法，为生态文明的建设提供了法制保障。

（三）马克思主义中国化最新成果与中国特色社会主义生态文明制度建设

中国特色社会主义理论体系包括邓小平理论、“三个代表”重要思想以及科学发展观等重大战略思想在内的科学理论体系。从两个文明的发展到五位一体，中国特色社会主义事业不断地深化和扩展。

两个文明即物质文明和精神文明。1979年9月，叶剑英同志在庆

① 参见自然之友，http：//www. fon. org. cn/。

② 参见中华人民共和国环境保护部，http：//www. zhb. gov. cn/。

祝中华人民共和国成立三十周年大会上提出社会主义“精神文明”的概念，并初步表达了“两个文明”协调发展的思想，即“我们要在建设高度物质文明的同时，提高全民族的教育科学文化水平和健康水平，树立崇高的革命理想和革命道德风尚，发展高尚的丰富多彩的文化生活，建设高度的社会主义精神文明”。①

三位一体的思路即经济建设、政治建设、精神建设。1986年9月，党的十二届六中全会通过《关于社会主义精神文明建设指导方针的决议》。将我国社会主义现代化建设的总体布局明确表述为：“以经济建设为中心，坚定不移地进行经济体制改革，坚定不移地进行政治体制改革，坚定不移地加强精神文明建设，并且使这几个方面相互配合，相互促进”。②

四位一体的部署即经济建设、政治建设、文化建设和社会建设。2005年2月，胡锦涛在省部级主要领导干部提高构建社会主义和谐社会能力专题研讨班上的讲话明确提出，“随着我国经济社会的不断发展，中国特色社会主义事业的总体布局，更加明确地由社会主义经济建设、政治建设、文化建设三位一体发展为社会主义经济建设、政治建设、文化建设、社会建设四位一体”。③ 2007年10月，中共十七大报告后，“四位一体”的总体布局完全确立。

五位一体即经济建设、政治建设、文化建设、社会建设和生态文明建设。中共十八大把生态文明建设提到突出地位，纳入中国特色社会主义事业的总体布局，提出“要更加自觉地珍爱自然，更加积极地保护生态，努力走向社会主义生态文明新时代”④，并首次将生态文明建设与经济建设、政治建设、文化建设、社会建设并列，列入中国特色社会主义“五位一体”总布局。把生态文明建设列入中国特色社会主义“五位一体”总布局建设，体现了生态文明建设的重要性，也是中国发展的必然选择。

---

① 《十一届三中全会以来重要文献选读》（上），人民出版社1987年版，第80页。

② 《十一届三中全会以来重要文献选读》（下），人民出版社1988年版，第1173页。

③ 《十六大以来重要文献选编》（中），中央文献出版社2006年版，第696页。

④ 《坚定不移沿着中国特色社会主义道路前进　为全面建成小康社会而奋斗——在中国共产党第十八次全国代表大会上的报告》，人民出版社2012年版，第41页。

第三节　中国特色社会主义生态文明制度建设的行动进展

生态文明是人类在纵观工业文明带来的环境破坏的基础上，进行的一次具有独创性的变革。作为一种新型的文明，生态化是其主要特点。“生态化”指的是在地球上存在的所有个体、群体和整体不论它们有无生命特征都能和谐地存在和发展。

中国作为一个率先提倡建设生态文明制度的国家，在深刻认识到工业经济的发展带来的生态危机的同时，也在不断地摸索能够降低其给人们的生活和社会的发展带来的负面影响的措施。生态文明讲求的和谐发展，不仅指人与自然的和谐相处，也指人与人、人与社会之间能够和谐共存。然而社会是一个大系统，是由无数个细小的子系统组成，任何一方面的和谐发展都需要其他方面的支撑，同时一个方面的和谐也并不能代表所有方面都能得到平衡的发展。所以就需要运用生态文明的观念来引导它们，促使社会经济生活各方面能够和谐存在与发展。

我们生活在一个纷繁复杂的社会中，需要政治制度的统筹来给社会一个灵魂方向，需要经济制度的建设来给人们一个丰盈的物质生活，需要文化制度的推崇来满足人们的精神需求，需要社会制度的发展来为人们的生活提供基础保障，需要法律制度的约束来使社会各方能够合理有效而又合法地进行，从而确保人们生活在一个祥和安宁稳定的生活环境里。然而要想实现这些夙愿，我们不仅要平衡政治、经济、文化、社会和法律之间的关系，也需要保证它们各自的内部能够和谐发展。

建设生态文明制度不是一蹴而就的，它是一项长期的工程。因此要想建设中国特色社会主义生态文明制度，就需要赋予政治、经济、文化、社会和法律生态化的意蕴，下面我们就逐一介绍，中国为推进生态文明制度建设在这几方面做出的努力。

一　生态文明与中国特色经济制度建设的生态化探索

人类社会作为地球生态系统的一部分，其赖以生存的经济基础必须能够有助于社会整体结构的发展，因此，中国特色社会主义经济制度的建设，不仅是中国特色社会主义生态文明制度建设的基础，而且起到顶梁柱的作用，是重要的组成部分。

人类本身来自大自然，这个天然的生态系统。自然生态系统由自然生命系统和自然环境系统组成。自然环境系统为生命系统提供生存和排泄的土壤，生命系统从环境系统中摄取营养物质供自己机体的生长，经过新陈代谢的作用又使能量物质回归到大自然，这样的能量和物质循环维持了自然生态系统的平衡。

生物圈是地球上最大的生态系统，它是由地球上一切具有生命的物体及其生存的环境组成。按照各种生物在物质和能量流动中的不同作用，生物圈中的生物可以分为生产者、消费者和分解者。生产者主要说的是绿色植物，通过吸收光照经过光合作用，把无机物转化成有机物，它们属于自养生物。消费者主要是指以食草或者是食肉为主的动物，分为一级消费者、二级消费者、三级消费者等，它们是异养生物，人类是杂食动物，属于食物链中最高级的消费者。分解者主要是微生物，以分解死亡的有机生命体为主，将有机物变成无机物，它们也是异养生物。它们之间的相互联系，构成了一个食物链，经过这样一个又一个层级的物质与能量的传递和转换，自然生态系统才能够维持平衡。有一点需要指出的是，上述三者的生存与发展既取决于自然环境系统为其提供的资源与能量，也取决于三者之间各自的量和比的关系。在一定的时间和空间范围内，只有当这三者之间的比例和数量维持恰当的时候，才能使它们更好地为彼此服务，从而适度地摄取环境系统中的自然资源不至于打破生态平衡造成系统紊乱。

生物圈中的生物无论是生产者、消费者还是分解者，都是由一个个微小的生命个体组成，然后具有相似特征的生命体构成一个种群，多个种群间通过直接或间接的关系构成了生物群落。每一个个体、种群和群落通过自然环境系统来维持自身的生存，抛开这一层面，每个个体、种群和群落又是其他个体种群和群落生长的环境因子。因此，自然生命系统本身就包含环境系统，环境系统内含于生命系统内，所以要想更好地了解自然环境系统和生态系统就必须首先了解自然生命系统。

我们依照自然生态系统维持平衡的这个思路展开，可以把它的能量物质守恒定律应用到经济系统内。由此可以得到经济系统包含经济生命系统和经济环境系统。经济生命系统中的个体就是我们所说的单个经济体即企业，然后生产相同或相似产品的无数企业组成一个“种群”，我们称为产业，这样的产业就会产生规模经济或者范围经济的效益，产业之间的集合又构成了产业集群。经济生命系统中无数个个体即企业构成的子系统，无数个不同规模和不同特质的经济群体聚集在一起构成不同层次的子系统，以及这些子系统内部、子系统与子系统之间以及子系统与其生长的经济环境之间相互作用、相互关联形成了一个经济群落。

与自然环境系统不同的是，经济环境系统不仅包括自然资源即阳光、空气、土地、水等，还包括机器设备、投资者、供应链、商誉、商标权和专利权、利益相关者等经济资源，这些支持经济生命系统生存的资源，不仅是经济生命体存在的肥沃土壤，而且也是滋润它们茁壮生长的阳光雨露，所以自然资源系统和经济资源系统共同构成了中国特色社会主义经济环境系统。经济资源系统为经济生命系统的投入系统，经济个体通过投入的资源进行生产活动实现经济效益，自然资源系统为经济生命系统的产出系统，这里所说的自然资源系统是指狭义的环境系统，单个经济体在进行生产活动后所创造的效益又回归到社会经济生活里去。通过以上描述，我们可以得出中国特色社会主义经济环境系统就是中国特色社会主义市场经济体制。党的十八届三中全会明确提出要使市场在资源配置中起决定性作用。所以，要充分发挥市场的调节作用，使资源能够得到高效利用。

类比自然生态系统中的生物可以分为生产者、消费者和分解者，经济系统中的成员可以分为生产者、消费者和协调者，这里的协调者主要是指政府。市场的调节机制主要有价格机制、竞争机制和供求机制，通过充分发挥市场的调节作用使资源在生产者、消费者和协调者之间得到合理分配。

目前，透过我国经济的发展形势可以得出，要使市场在资源配置中起决定性作用，必须协调好市场与政府的关系，为了实现中国特色社会主义经济制度生态化发展，我们需要在以下几个方面再接再厉：

首先，要坚持发展和完善中国特色社会主义市场经济体制。从人类文明史的角度看，任何一个民族的发展都是在追随历史的脚步中逐步实现变革的，中国是一个从半殖民地半封建社会中走出来的人口大国，为了实现自己的独立发展获得掌控自己民族命运的机会，在不断摸索的过程中领悟到只有社会主义才能改变贫穷落后的中国面貌。新中国成立初期，党和国家的领导人实行了计划经济体制，在当时的背景下，这是符合经济发展和人民安定团结的路子，然而这种高度集中的经济体制的弊端使得社会矛盾日益突出，为此我们必须要对经济体制进行变革。伴随着改革开放的到来和深入，市场经济像一条洪流涌入了经济还不发达的中国，从而使中国进入了一个以市场调节为主、政府主导为辅的经济体制内，这股新鲜的血液给中国的经济带来了发展的活力，像一股清风细雨给久经干涸的中国经济带来了一场酣畅淋漓的浇灌。改革开放的40多年也告诉我们，市场经济并不是一个没有瑕疵的完美的经济体制，它还有许多方面需要改善和变革，因此我们不能唯市场论。从这样的角度出发，我们必须处理好中国经济生命系统与经济环境系统的关系，为实现经济发展的生态化，建设中国特色社会主义生态文明制度做好充足的准备。

其次，要坚持和完善中国特色社会主义基本经济制度。中国特色社会主义基本经济制度就是坚持以公有制为主体、多种所有制经济共同发展。我国是社会主义国家，这就决定了我们必须要坚持公有制的主体地位，但是为了维持社会的稳定和经济的协调发展，我们也必须允许多种所有制经济的存在。从生态学的角度讲，生态系统之所以能够维持自身的平衡发展，是因为它本身就有保持和维护自身结构和功能稳定的能力，而社会主义公有制在经济的发展中就起到了这种作用。所以只有坚持公有制的主体地位，才能维持我国经济结构的稳定，也才能使它在多种所有制经济中发挥中流砥柱的作用。多种所有制经济是中国特色社会主义基本经济制度的重要组成部分，只有充分调动其对我国经济发展的积极性，才能使中国特色社会主义经济焕发活力。因此，我们必须坚持和完善中国特色社会主义基本经济制度，以实现经济发展的生态化，为中国特色社会主义生态文明制度建设提供基础保障。

最后，要转变经济发展方式，由粗放型增长转变为集约型增长，使经济实现全面、协调和可持续的发展。从生态文明的角度看，转变经济发展方式的必然选择就是要发展循环经济和低碳经济，从而转变传统工业经济的发展模式。循环经济简言之就是指物质资源能够循环再利用，低碳经济简单地说就是指要减少温室气体排放。在市场经济体制下，政府要通过一定的制度安排，激励那些符合发展循环低碳经济的经济群体并引导他们走上循环经济、低碳经济的发展道路。通过协调不同利益群体之间的关系，使这种生态化的发展理念深入人心，从而在本质上改变人们的生产方式、生活方式和消费方式。转变经济发展方式是构建中国特色社会主义生态文明制度，实现经济增长、社会发展和自然环境保护三者之间协调发展的必要途径。

二　生态文明与中国特色政治制度建设的生态化改革

透过历史这条长河来看，中国在经历夏朝包括之后的商、周两朝，历经一千多年的时间实行的都是以王权至上的奴隶制。从公元前221年建立秦朝开始，秦王嬴政建立了中央集权制的国家，由此封建制度在中国兴盛起来。此后经过汉唐盛世和康乾统治之后，中国逐步成为世界上公认的大国。但是1840年鸦片战争的打响，使中国这个有着几千年封建历史的国家，因为西方列强的摧残和蹂躏，逐渐变成一个半殖民地半封建的傀儡国家。中国的劳动人民在经受外国列强和国内愚昧的封建统治的双重压迫下，希望通过开展民族运动来摆脱落后就要挨打的局面。然而这一系列的民族运动包括洋务运动、太平天国运动、戊戌变法、义和团运动以至后来的辛亥革命，最终都以失败告终，虽然这些运动没能从本质上改变中国的悲惨境地，但是也给当时积贫积弱的中国大地带来了一线生机。

孙中山领导的民族资产阶级革命运动，虽然没能给落后的中国找到真正的出路，但它推翻了几千年来束缚人们思想的封建统治制度，使民主共和的观念深入人心，所以说孙中山是一位伟大的民主主义者。胡锦涛同志在纪念辛亥革命100周年的大会上指出，“孙中山先生是伟大的民族英雄、伟大的爱国主义者、中国民主革命的伟大先驱。中国共产党人是孙中山先生开创的革命事业最坚定的支持者、最亲密的合作者、最忠实的继承者，不断实现和发展了孙中山先生和辛亥革命先驱的伟大抱负。”①

在这个举步维艰的时刻，十月革命的一声炮响，给中国送来了马克思列宁主义，正如毛泽东同志所说：“十月革命给世界人民解放事业开辟了广大的可能性和现实的道路，十月革命建立了一条从西方无产者经过俄国革命到东方被压迫民族的新的反对世界帝国主义的革命战线”②；“中国无产阶级的先锋队，在十月革命以后学习了马克思列宁主义，建

---

① 《胡锦涛同志在纪念辛亥革命100周年上的讲话》。

② 《毛泽东选集》第四卷，人民出版社1991年版，第1357页。

立了中国共产党”①；“这是开天辟地的大事”②。从此，中国走上了俄国人的道路。

在经过十年内战（1927—1937），十四年抗日战争（1931—1945）和三年解放战争（1946—1949）之后，人民是社会主人的观念深入人心，中国从此走上了社会主义道路。社会主义的本质是人民当家做主，中国共产党在总结先人的教训和借鉴其他社会主义国家的经验的基础上，提出了马克思列宁主义要与中国的具体实际相结合，由此中国特色社会主义铺展开来。

由社会主义的性质可以得出，中国特色社会主义政治制度的核心是人民代表大会制度即我国的政体，它是在中国共产党的领导下，经过长期的斗争发展起来的符合中国实际的政治形式。实践表明，人民代表大会制度是最适合中华人民共和国根本性质的政治制度。中国共产党领导的多党合作和政治协商制度及基层民主制度等是中国特色社会主义政治制度的基本政治制度。

中国特色社会主义政治制度是中国特色社会主义核心价值观及价值体系的外在表现形式，它的建设同时也是中国特色社会主义制度文明形成和发展的过程。因此只有充分地了解中国特色社会主义核心价值观，才能更好地理解中国特色社会主义政治制度建设和生态文明制度建设之间的关系。正如习近平总书记所说：“每个时代都有每个时代的精神，每个时代都有每个时代的价值观念。国有四维，礼义廉耻，‘四维不张，国乃灭亡。’这是中国先人对当时核心价值观的认识。在当代中国，我们的民族、我们的国家应该坚守什么样的核心价值观？这个问题，是一个理论问题，也是一个实践问题。经过反复征求意见，综合各方面认识，我们提出要倡导富强、民主、文明、和谐，倡导自由、平等、公正、法治，倡导爱国、敬业、诚信、友善，积极培育和践行社会主义核心价值观。富强、民主、文明、和谐是国家层面的价值要求，自由、平等、公正、法治是社会层面的价值要求，爱国、敬业、诚信、友善是公民层面的价值要求。这个概括，实际上回答了我们要建设什么样

① 《毛泽东选集》第四卷，人民出版社1991年版，第1472页。
② 同上书，第1514页。

的国家、建设什么样的社会、培育什么样的公民的重大问题。”① 从生态的角度看，通过阅读总书记的这段话，我们可以概括出中国特色社会主义政治制度的个体是公民，种群是社会，群落是国家，为此中国特色社会主义政治制度也包含了生态文明的韵味。

中国特色社会主义政治制度属于意识形态方面，它的建设能够推动生态文明制度的建设。意识形态决定人们价值观的高度，因此把生态文明的理念内嵌于政治制度的建设中，能够加快生态文明建设的脚步。而生态文明制度的建设能够为政治制度的建设起到引领作用。在恩格斯看来，一个社会在向现代化变迁的过程中，政治制度对其经济文化等方面的发展往往具有同向、逆向和交叉三种情况（功能效应），“在第二和第三种情况下，政治权利能给经济发展造成巨大的损害，并能引起大量的人力和物力的浪费。”② 而生态文明的建设能够使第二和第三种情况不会发生，所以坚持生态文明制度建设对政治制度的引领作用，是符合人类文明制度发展的一条道路。

从生态化的角度看，中国特色社会主义政治制度中的人民代表大会制度、政治协商制度和基层民主制度，都是先由单个的社会人组成，也就是每一个公民的存在才是这些制度产生的基础，制度与制度之间在经济、社会、文化、生态等各个领域又有着广泛的联系，每个制度的协调发展不仅取决于其内在的规章制度的组织机构而且还依赖于其他组织的相互作用，所以每个制度又是其他各个制度存在并且协调平衡发展的环境土壤，所有的组织结构之间通过这种相互关系构成了整个政治制度的基石。所以，中国特色社会主义政治制度的内在机制是符合生态化发展的。通过各个制度之间的支持、监督和制约，政治体系的活力才表现得淋漓尽致。

从基础方法论的角度看，中国特色社会主义政治制度的理论依据是科学发展观。科学发展观作为马克思主义同当代中国实际和时代特征相结合的产物，是马克思主义关于发展的世界观和方法论的集中体现，其核心价值就在于“对新形势下实现什么样的发展、怎样发展等重大问

① 《习近平在北京大学师生座谈会上的讲话》，中国网，http：//www. china. com. cn / news / 2014 -05 / 05 / content_ 32283223 -2. htm，2014 年 5 月 5 日。

② 《马克思恩格斯全集》第 37 卷，人民出版社 1971 年版，第 487 页。

题做出了新的科学回答，把我们对中国特色社会主义规律的认识提高到新的水平，开辟了当代中国马克思主义发展的新境界”。[①] 它指出：“必须更加自觉地把以人为本作为深入贯彻落实科学发展观的核心立场，始终把实现好、维护好、发展好最广大人民的根本利益作为党和国家一切工作的出发点和落脚点，尊重人民首创精神，保障人民各项权益，不断在实现发展成果由人民共享、促进人的全面发展上取得新成效。必须更加自觉地把全面协调可持续作为深入贯彻落实科学发展观的基本要求，全面落实经济建设、政治建设、文化建设、社会建设、生态文明建设‘五位一体’总体布局，促进现代化建设各方面相协调，促进生产关系与生产力、上层建筑与经济基础相协调，不断开拓生产发展、生活富裕、生态良好的文明发展道路。必须更加自觉地把统筹兼顾作为深入贯彻落实科学发展观的根本方法，坚持一切从实际出发，正确认识和妥善处理中国特色社会主义事业中的重大关系，统筹改革发展稳定、内政外交国防、治党治国治军各方面工作，统筹城乡发展、区域发展、经济社会发展、人与自然和谐发展、国内发展和对外开放，统筹各方面利益关系，充分调动各方面积极性，努力形成全体人民各尽其能、各得其所而又和谐相处的局面。”[②] 从以上的文字我们可以看出，科学发展观指出了“人民当家做主”和生态文明之间的关系。以“人民当家做主”为核心的政治制度建设属于思想层面的东西，而以“生态”为特点的生态文明制度建设是具体层面的东西，要把这两个方面耦合起来，很明显科学发展观是很难做到的。因此，我们需要把政治制度的建设进行生态化的改革，从而建造一个能与生态文明制度建设很好地契合在一起的现代化制度模式。

因此，政治制度生态化改革的路径有：

第一，坚持和完善人民代表大会制度、政治协商民主制度、基层民主制度。人民代表大会制度能够保证人民当家做主的主体地位，体现了民主性的原则。政治协商民主制度是我国特有的政治制度形式，公民通过平等地参与对话讨论等多种方式成为为政治制度建言献策的一分子，

---

① 《坚定不移沿着中国特色社会主义道路前进　为全面建成小康社会而奋斗——在中国共产党第十八次全国代表大会上的报告》，人民出版社 2012 年版，第 20、40 页。

② 同上。

从而促进公平合理合法化的政治制度的形成。基层民主制度是希望群众通过自我管理、自我服务、自我教育和自我监督，促进基层公共事业和公益事业的平稳发展，保障人民的权利为人民所用为人民服务。

第二，改变以往局部治理的方式，进行整体性的治理。社会系统是一个由无数个子系统组成的有机体，不仅包括中央政府、地方政府，还包含各个政府体系下的不同的部门和层级，要想实现政治制度的和谐发展，不能缺一少十，因为单个政府部门或组织机构的有序发展不能够满足整个社会系统合理发展的诉求。因此，遵循自然规律也适合政治体制的建设，所以坚持整体的治理方式是政治体制生态化改革的一个方向。

第三，改变唯 GDP 论的社会经济发展和政府政绩的评价标准。在传统的观念中，GDP 是唯一的评价指标，环境与资源处于被人们忽视的地位中。党的十八大明确提出要把资源消耗、环境损害、生态绩效纳入社会经济发展的评价指标体系内。因而，单纯地追求 GDP 的增长，忽视资源的浪费和环境的破坏以及由此而带来的一系列的生态污染问题提到人们的议程上来。改变政府的形象工程和面子工程这些浮华的政绩表面现象，透过实质引导企业改变以往的生产方式，走上一条生产发展、生活富裕、生态良好的文明发展道路。

三　生态文明与中国特色文化制度建设的价值观构

（一）文化与文化制度的内涵

从个人的角度讲，文化就是一个人展现出来的素质习惯和人文修养。从广泛的角度看，文化在学术界有着许多的定义，但大概可以分为广义文化和狭义文化。广义文化不仅指人类通过实践活动所创造的物质财富和精神财富的总和，而且也指人类改造自然、征服自然的一切实践活动和过程。狭义的文化是指与政治、经济相对应的人类通过改造自然而获得的劳动成果，专门指精神方面的成果。狭义的文化作为经济社会生活的一部分，由艺术、道德、政治、哲学、宗教等意识形态构成，它代表一定社会阶层的人的一种生活方式。

从人类产生之初，文化就已经存在。伴随着人类的进步和社会生产力的提高，文化的多样性也显现出来。在人类进化的历史长河中，文化既包括对人类进步有益的优秀成果，这样的文化往往被传承下来；也包括一些不利于人类生存的因素，这样的文化一般在人类的变革中被遗弃。而那些被人类认为是“好的”文化，经过数千年甚至数万数亿年的转化就变成文明。所以文明内含于文化之中，是文化的内在价值，而文化是文明的外在形式。

文明在人类发展的不同阶段，也有不同的表现形式。在人与自然相互作用的过程中，人类先后经历“原始文明：敬畏自然、依附自然和崇拜自然；农业文明：改造自然、利用自然和支配自然；以及工业文明：控制自然、征服自然和掠夺自然，以及生态文明：保护自然、尊重自然和善待自然”① 几个阶段。在人与自然相互作用的过程中，人类对自然的认识也不断加强，从而文化的观念不断深化。在现代的社会中，文化逐渐成为各国参与国际竞争的一股重要力量，成为任何国家都不能忽视的一种文化软实力。

在社会不断发展的过程中，文化是由人们经过时间的积累形成的一种被大众普遍接受的道德观念和风俗习惯。文化作为一种非正规的制度，对人们日常行为不具有强制性的约束力，属于人们在精神层面上的自觉性。制度有正规制度和非正规制度之分，非正规制度经过社会的不断发展而不断演化和发展成为正规制度，它是正规制度的基础和精神所在。“制度是行为规则，并由此成为一种引导人们行动的手段。因此，制度使他人的行为变得更可预见。它们为社会交往提供一种确定的结构。”② 制度经过社会成员长时期的自愿认同和社会监管机构的强制安排成为全社会多数个体共同遵守的社会规则。所谓的文化制度就是以伦理道德为主要内容，通过一定的被社会认可的规则的保障形成的全社会成员所认同的一种制度。文化制度作为一种非正规的制度，对人们的行为规范可以起到一定的约束作用，这种约束作用可以补充法律等强制性的规章制度所不能达到的领域。

（二）价值观和价值体系

在马克思主义政治经济学中，商品之所以有价值，是因为人们为产出的产品付出了劳动，价值在此指的是凝结在商品中无差异的人类劳动。而价值观作为一种观念，它具有很强的个人主观性。正如马克思曾经指出：“凡是有某种关系存在的地方，这种关系都是为我而存在

① 褚大建：《生态文明与绿色发展》，上海人民出版社 2008 年版，第 15—18 页。

② 柯武刚、史漫飞：《制度经济学》，商务印书馆 2002 年版，第 112—113 页。

的。”① 价值是一种物化的劳动，本身并没有什么特殊的含义，存在的基础是人们对某种事物的需要，因为被需要，才使社会经济体中存在的一切有生命或没有生命的东西产生了价值。而价值观具有客观实在性，它是人们在实践的基础上通过对物质世界的感官反映，形成的具有一定倾向的主体评价，这种主观倾向体现了主体的价值取向、价值追求和意志观念。

价值体系指的是一个民族在长期的实践和演变中形成的能够反映其在一定时空中的整体集中性的社会意识。价值体系有个人价值体系和社会价值体系之分。个人价值体系的形成受社会价值体系的影响，在社会的大环境中，它受到社会价值体系的制约。社会价值体系由无数个个体的价值体系构成，通过获得人们的认可而独立存在，它形成后又反过来影响个体价值体系的产生过程。因此要想实现个人全面自由的发展，离不开社会价值体系对它的支持。

对我国而言，随着改革开放的不断深入，在加强与世界各国广泛交流的同时，西方各种价值观念和社会思潮也不断涌入。经济的快速发展，虽然极大地改善了人们的生活水平，但一些消极观念也频频出现，拜金主义、享乐主义和极端个人主义不断在国内蔓延。

在这种背景下，人们的价值取向越来越趋于多元化，要想使人们能团结凝聚在一起，光是发展经济是不够的，必须形成一种具有强烈凝聚力的文化价值观和价值体系。吉尔·利波维茨基、塞巴斯蒂安·夏尔曾这样说道：“一个社会不应局限于物质生产和经济交流。它不能脱离思想观念而存在。这些思想观念不是一种奢侈，对它可有可无，而是集体生活自身的条件。它可以帮助个体彼此照顾，具有共同目标，采取共同行动。没有价值体系，就没有可以再生的社会集体。”② 由此可见，价值观和价值体系在一个民族和国家的发展过程中是不可或缺的。

2006年，党的十六届六中全会通过的《中共中央关于构建社会主义和谐社会若干重大问题的决定》第一次明确提出建设社会主义核心价值体系的命题和任务。2007年，胡锦涛在中共中央党校省部级干部

---

① 《马克思恩格斯全集》第3卷，人民出版社1960年版，第34页。

② 吉尔·利波维茨基、塞巴斯蒂安·夏尔：《超级现代时间》，中国人民大学出版社2005年版，第111页。

进修班的重要讲话中再一次强调，要大力建设社会主义核心价值体系，巩固全党全国人民团结奋斗的共同思想基础。党的十八大报告提出：要“倡导富强、民主、文明、和谐，倡导自由、平等、公正、法治，倡导爱国、敬业、诚信、友善，积极培育社会主义核心价值观。”我们一般认为，富强、民主、文明、和谐讲的是国家层面，自由、平等、公正、法治讲的是社会层面，爱国、敬业、诚信、友善讲的是个人层面。社会主义核心价值观和核心价值体系是中国特色社会主义制度的精神体现，是中国特色社会主义的思想基础。

（三）生态文明制度建设和文化制度建设的关系

其一，中华文化绵延几千年，在继承先人优良成果的同时，我们又赋予其现代含义。中华民族的千年文化不仅是我们民族历程的见证与写照，也是我们精神的纽带和灵魂的依托。伴随着社会生产力的提高，人们的生活水平不断改善，从以往的农业文化发展到近代的工业文化，再到如今的与西方文化共融的现代文化，我国目前已经形成了一个融传统与现代、东方与西方文化共生的多样性的文化态势。

文化制度的建设不仅标志着一个国家民族文化的传承与发展，也反映着一国政治、经济、文化和社会制度的建设过程。在众多的文化态势中，我们应该提炼一些具有当代价值的现代文化，赋予生态文明制度建设以文化意蕴，为构建具有中国特色社会主义生态文明价值韵味的文化制度增光添彩。所以生态文明制度的建设为文化制度的建设起到了指明灯的作用，能够保证文化制度建设的前瞻性。

其二，完善的生态文明制度是一些已经成熟的制度体系，具有强制性的作用，但它不能约束到人们生活的方方面面。因为不论多么完善的制度，最终都会具体到人本身。而人是有着自己独立意志的个体，难免会产生一些自我性的判断。这时，我们就需要文化伦理来为人们的行为起到道德约束的作用。所以在法律不起作用的时候，我们需要文化伦理制度来规范人们的行为。

文化伦理之所以具有约束人们行动的力量是因为它的传播能够在人们心里形成一股无形的力量，对人们的价值取向有一定的引导作用。德弗勒认为，“大众传播媒介之所以能间接地影响人们的行为，是因为它发出的信息能形成一种道德的文化的规范力量，人们不知不觉地依据媒介逐步提供的‘参考架构’来解释社会现象与事实，表明自己的观点和主张。”① 因此，文化制度的建设能够为生态文明制度的建设提供支持和保障。

综上可知，如果赋予文化制度建设以生态文明的韵味，生态化发展的思想和灵魂就会扎根其中。如果在建设生态文明制度的过程中，不断给予其文化制度建设的理念，就会加强非正规性的制度促进人们追求生态文明的力量。

（四）生态文明的文化制度建设及价值观构建

文化作为一种软实力，具有能够引导人们思维和价值取向的导向作用。文化制度，作为一种非正规性的制度，虽然不具有强制性的作用，但会间接地影响人们的行为和生活方式。因此加强生态文明的文化制度建设，对建设有中国特色社会主义生态文明制度具有不容忽视的作用。首先通过强化外在制度的建设，为生态文明的文化制度建设提供保障。因为任何一种单一制度的发展都需要其他类型的制度建设为其服务，这和我们所讲的俗语“众人划桨开大船”有异曲同工的道理。例如，中央近年来为了改善农民的生活条件提高他们的生活水平，取消了农业税，并且出台了一系列的补贴措施保障农民的生活。还有我国为了保证环境资源能够得到良好的利用，在满足当代人需要的同时，还能为子孙后代造福，目前已经颁布了一些法律，比如《中华人民共和国环境保护法》《中华人民共和国水污染防治法》《中华人民共和国大气污染防治法》《中华人民共和国海洋环境保护法》《中华人民共和国固体废物污染防治法》等。通过这些外在制度的建设，保护我国环境资源维持生态的平衡发展提供了法治保护。其次要加强生态文明的文化制度建设的内在制度建设，我们可以通过对文化的融合，促进文化多样性的发展。在发展的基础上，通过创新来保障文化始终有一股新鲜的力量，从而增强文化的生命活力。还可以通过推进社会主义核心价值观的建设来引导社会思潮，加强全民族团结的精神和奋发向上的力量。

生态文明文化制度的建设，从宏观的层面上解说了生态文明建设的方向。若要实现生态文明制度建设的全面发展，需要形成构建生态文明文化制度建设的价值观。

---

① 威尔伯·施拉姆等：《传播学概论》（第二版），何道宽译，中国人民大学出版社 2010 年版。

第一，在自然生态方面，要形成人与自然和谐的生态文明价值观。大自然是我们人类赖以生存的基础，任何毁坏自然界的行为最终的结果会伤害我们人类自身。因此，保护自然生态系统，就等于保护人类生存的大家园。由于自然本身是一个完整的系统，我们在向大自然摄取能量和物质时，也需要保障这个天然的系统能维持自身的平衡。就像恩格斯在《自然辩证法》中所说的："因为在自然界中任何事物都不是孤立发生的。每个事物都作用于别的事物，并且反过来后者也作用于前者，在大多数场合下，正是由于忘记了这种多方面的运动和相互作用，就妨碍了我们的自然研究家看清最简单的事物。"① 所以人类在进行自然活动的时候，不能不计后果地盲目掠夺。

第二，在社会层面上，要形成人与人和谐的生态文明价值观。人与人之间的关系，通过物质实践活动联系在一起。在资本主义私有制的条件下，由于资本家无偿地占有工人创造的剩余价值，造成社会成果的不公平分配，使人与人之间的关系扭曲，违背了人生而平等的理念。这种不平衡的利益关系，不仅打破了人与人之间和谐共存的关系，也使人与自然的关系遭到破坏。因此，马克思发出了资本主义制度终将被社会主义制度所取代的呼声。由此可知，人与人之间的和谐应该是一种自然的关系，而不可被任何利益所牵制。从社会整体的发展看，人与人之间的和谐是人与社会和谐的基础，人类的发展史是一个不断走向自由全面发展的过程。因此要消除资本主义私有制这种不合理的制度，建设共产主义社会是人类发展的最终成果。正如马克思所说："这种共产主义，作为完成了的自然主义，等于人道主义，而作为完成了的人道主义，等于自然主义，它是人和自然界之间、人和人之间的矛盾的真正解决，是存在和本质、对象化和自我确证、自由和必然、个体和类之间的斗争的真正解决。"②

可见，生态文明的价值观构建是中国特色生态文明制度建设的一部分，也是贯彻党的十八大精神的重要组成部分。只有实现了自然生态系统和社会生态系统之间真正的平衡和耦合，整个社会才能充满生命力，人们才能幸福安稳，社会才能和谐发展。

---

① 《马克思恩格斯全集》第4卷，人民出版社1995年版，第384页。

② 《马克思恩格斯文集》第一卷，人民出版社2009年版，第185页。

四 生态文明与中国特色社会制度建设的生态文明理念的传播

（一）社会和社会制度的内涵

社会是人类特有的组织形式，是一个由无数个个体相互联系相互作用形成的有机整体。在社会这个有机整体中，最小的组成因子是个人，然后由一定情感基础和血缘关系的数个个人组成的家庭构成了社会的基本单位，无数个这样的单位组成了社会这个大整体。在马克思的著作中，我们可以看出，他认为家庭是社会系统中最重要的、最核心的基本单位。随着英国工业革命的爆发，社会生产力得到极大解放，生产力的提高使得单个家庭不能满足社会分工的需要，于是不同的家庭单位通过一定的利益诉求而联系在一起组成了不同的社会组织，这种多样化的社会组织满足了社会大分工的需要。然而，要想平衡与维护这些社会组织之间的利益，单靠他们的自我约束力无法实现这个愿望，需要一定的外部强制力来制约和规范他们的行为和生产活动。在这样的情况下，社会制度应运而生。

制度是通过制定一系列的规范和规章调节和处理社会组织之间的关系，使各个社会组织之间以及组织内部之间能够和谐共处的一套完整的体系。从社会整体的历史进程和结构看，可以把社会制度分为三个层次。第一层次是社会形态方面的规定性，如原始社会制度、奴隶社会制度、封建社会制度、资本主义社会制度和社会主义社会制度等。第二层次是指基本社会形态以下的具体社会制度，如经济制度、政治制度、文化制度等。第三层次是指各个具体部门的具体规章制度。[①] 社会制度的规定性，能够促进社会整体的发展和最大限度地发挥社会组织的功能，使各个社会组织在利用有限的物质资源的基础上，在自己能力范围内最大限度地维护自然环境的平衡，从而促进社会整体结构的协调发展。

因此，社会制度的建设，对每一个想实现和谐发展的国家来说都是一件必须要做的事情。面对我们如今生活的世界，在物质领域，我们在最大限度地改造自然的同时也满足了我们日益提高的生活需求。可是经济的快速发展，并不是完美无瑕的，伴随而来的环境破坏和资源短缺，需要我们重新审视我们现在的生产和生活的方式与理念是否正确。我们今天需要的不仅是一个人与人和谐相处的社会，更是一个人与自然和谐

---

① 沈远新：《中国转型期的政治治理》，中央编译出版社2007年版，第75页。

共存的家园。在生态文明的价值观念下，社会制度的建设给我们创建和谐社会带来了一个光明的指引。社会制度的建设不仅能够促进人与人之间以及人与自然之间的和谐相处，也是在新形势下创建和谐社会这一具有生态化意蕴的价值观的必要途径。

（二）社会制度在生态文明制度建设中的地位和作用

从前面的部分，我们得知社会制度可以分为三个层次，下面我们就从第三个层次详细说明社会制度在生态文明制度建设中的地位和作用。若要论及第三个层次，其实也就是要谈论社会组织在生态文明制度建设中的地位和作用。这里说的社会组织主要包含两方面，即政府组织和非政府组织。非政府组织是对政府组织的补充，具有非营利性。非政府组织一般都是由社会普通民众发起的，为了满足社会公共利益的需求，辅助政府组织解决民生问题、合理配置资源并充分反映民情的一种民间组织。

纵观我国的发展史可以看出，中国社会组织的发展具有其历史渊源。中国特色社会主义制度是从半殖民地半封建社会的旧中国发展而来的，落后的社会背景以及改革后的艰难历程，使中国的经济体制经历了由计划经济体制向市场经济体制转变的过程，由此得出我国的社会组织具有明显的中国特色。第一，社会主义国家生产资料公有制的性质决定了中国的社会组织在社会中扮演着“管理润滑剂”的角色。在市场经济的条件下，难免会发生市场失灵的现象，这时市场不是把万能钥匙的不足处更加明显，尽管政府的财政或货币政策能够减少甚至避免这种事情的发生，可万事都不是绝对的，在那些“市场和政府的手”都触及不到的地方，社会组织就能起到补充作用。第二，在社会生产力得到极大提高的现代社会，伴随着迅速发展的经济而来的环境破坏与资源短缺，使社会组织由以往着重关心经济发展转而认识到环保的重要性，于是生态文明文化的理念在不断传播。第三，人们生活水平的提高和社会的进步，使受教育人群和教育质量在不断扩张和提高，社会组织的组成人员的素质也在逐渐改善，相信拥有更多知识的人们能够更科学更有效地传播组织文化和组织理念。因此，具有中国特色的社会组织在生态文明建设中的作用有：

1. 社会组织能够辅助生态文明制度的建设

生态文明制度的建设是一项艰难而宏大的工程，需要社会各方面协调机制的配合。在发挥社会功能和提供公共服务方面，社会组织具有优先发言权，因而社会组织的建设能够为生态文明建设扫除一些障碍。通过社会组织的协调作用，能够不断改善生态文明制度建设的可行性方案，有效地推进生态文明制度建设的进行。

2. 社会组织能够促进生态文明制度的建设

在社会这个开放的大环境中，社会组织的形成具有自发性和开放性。社会组织依托社会环境存在，而社会环境是不断发展变化的，这就决定了社会组织的变动性。因此，只有处于动态之中的社会组织才能适应不断发展变化的社会经济和法制制度，这样的社会组织也才能够激发生态文明制度建设的活力，为生态文明制度建设提供新鲜血液，从而促进生态文明价值理念的传播。

3. 社会组织能够优化生态文明制度的建设

社会是一个大系统，里面包含了无数子系统，这样的组成结构决定了需要协调众多的组织群体之间的关系。在生态文明制度建设的过程中，生态文明的价值理念也在不断传播。社会组织能够有效调节各个组织群体之间的关系，化解各个群体的矛盾，促进生态文明价值理念的传播。

通过以上描述我们可以看出社会组织在生态文明制度建设中的地位：其一，社会组织是生态文明制度建设的一个组成部分，生态文明制度的建设是大势所趋，符合社会进步和发展的需要，因而作为一个完整的制度体系，社会组织只是其中的一分子。其二，社会组织能够为生态文明制度的建设提供生存的土壤。制度是由各个系统有机地结合在一起形成大系统，各个系统相互协调、相互支持、共同推动整个系统的运行，该系统不仅影响着外部环境，同时也对外部环境造成一定的影响。[①] 生态文明制度内部是由无数个子系统组成，不仅影响着社会组织的发展，同时也受社会组织的影响。社会组织根植于人们内部，是最能传播民声，反映民意的基层组织。因此，只有取得全社会民众的认同，生态文明价值理念才能广泛传播并繁荣生长。

（三）中国特色社会制度建设中生态文明理念的传播

党的十八大把生态文明建设提到前所未有的高度，并寓意于中国特

① 司汉武：《制度理性与社会秩序》，知识产权出版社 2011 年版，第 154 页。

色社会主义政治建设、经济建设、文化建设和社会建设中。生态文明建设强调尊重自然、保护自然的重要性，并把它们纳入实践生活中去。由于本节我们主要从社会制度的第三个层次阐述其对生态文明建设的地位和作用。因此，加强生态文明理念的传播，需要从加强社会组织建设入手。在如今的社会建设中，社会组织的建设还有待改善和提高。

在实际生活中，我们需要明确社会组织的责任和义务，促进社会组织的发展，增加政府的支持力度，扩大其资金来源，完善法律法规制度的保障。下面我们就分别从政府组织和非政府组织两方面说明社会组织在生态文明传播中的作用：

第一，政府组织是由国家行政机关组成，代表国家强制力，反映国家统治阶级利益的组织机构。由于其具有一定强制力的作用，因此可以通过制定一些法律法规对生态文明理念的各个层次进行深入剖析，为生态文明理念的顺利传播撑起一把“保护伞”。同时，政府组织也可以借助法律的力量惩治不法分子蓄意利用生态文明理念的价值观念进行损害社会和民众利益的活动。

国家法令的强制性虽然在一定程度上有助于生态文明理念的传播，但它并没有真正反映民意体现民情，没有感情生硬冰冷的规范其实不能引起民众的共鸣。而非政府组织的存在能够为大众发声，能够真实地反映社会民众的现实生活，如借助网络力量发起的“网络人肉反腐”“网络虐猫事件”等，这些鲜活的案例用最直接的方式体现了社会的现实和民众的生活。由此可见政府组织与非政府组织是相辅相成的，两者的相互补充，恰好为生态文明理念的顺利传播铺出一条光明大道。

第二，政府组织作为一种规范式的存在，国家机构是它的强大后盾，由此决定它具有丰富的物质资源和精神资源。在今天网络科技成长如此迅速的时代，信息的传播已经打破了时间和空间的限制。政府组织可以有效地利用这些高科技来为生态文明理念的传播造势，广泛的舆论力量是21世纪最宝贵的财富。政府组织也可以借助新闻、期刊、报纸等媒体深度宣传生态文明理念，使生态文明理念能够走进千家万户，成为人们生活的一部分。

非政府组织作为一个民间团体，需要政府组织的正确引导，确保生态文明的理念能够得到真实有效的传播，使社会这个大家庭能够实现人与自然及人与人之间的和谐相处。所以，政府组织与非政府组织是一枚硬币的两面，它们各自的特性决定了任何一方都不能单独存在，否则就会失去平衡，给社会的发展带来风险。

第三，政府组织的国家特性，决定了它组织活动的规律性、合法性和有序性。然而非政府组织的社会民众的特点，使其缺乏一定的规章秩序。生态文明价值理念是一个新颖的话题，尽管它的提出已经有些历史，可真正进入大众视野的时间却不长。非政府组织虽然为生态文明价值理念的传播带来了一种适于普通大众接受的组织宣传方式，但它的不规律性也为生态文明理念的传播带来了阻碍。因此，在今后我们生态文明理念传播方面，非政府组织还需进一步加强其活动组织策划能力和宣传力度以及人员调配能力，为更好地宣传生态文明价值理念做好铺垫。

不论是政府组织还是非政府组织，最终的落脚点都在人，而人是构成家庭单位的因子，家庭又是社会组织的最基本组成因素。在物质层面，家庭是每个人生活的归宿，家庭在通过购买物质资料满足自身生存的同时也在向社会提供劳动力资源，这种资本的投入和再生产使社会大生产能够顺利进行。而在精神层面，家庭是形成和培养一个人价值观和世界观最初的学堂，良好的家庭教育和家庭氛围，能够送给孩子一个美丽的世界。

在新时期，生态文明价值理念的传播也离不开家庭这个微小的有机体，通过政府组织和非政府组织的保障作用，不断完善家庭在生态文明理念传播中的作用，为人们提供一个“山更美、水更清、树更绿”的生态环境，促进人与自然和谐有序发展。

第四节　“中国梦”与中国特色社会主义生态文明制度建设

一　“中国梦”的提出

“中国梦”是一个承载着亿万中华儿女梦想的伟大的梦；“中国梦”是一个庞大的理论体系，它具有丰富的内涵，具有深厚的文化根基。生态文明是继农业文明、工业文明之后的又一种新型文明形态。建设生态文明，是关系人民福祉、关乎民族未来的长远大计。

拥有五千多年华夏文明的中国，在历经种种磨难后走上了社会主义道路，这条路之所以能够一直延伸到现在并且变得更加繁华瑰丽是因为其夯实的理论基础，即马克思主义与中国具体实际相结合，中国特色社会主义理论体系是我们党和人民经过实践的摸索得出的适合中华民族繁衍生息的指南，它是国家和党的领导人集体智慧的结晶。

科学发展观作为马克思主义中国化的最新成果，它的提出不仅反映了中国领导人与时俱进的思想，也是与世界接轨的一种科学的理论方法。科学发展观，是对党的三代中央领导集体关于发展的重要思想的继承和发展，是马克思主义关于发展的世界观和方法论的集中体现，是同马克思列宁主义、毛泽东思想、邓小平理论和“三个代表”重要思想既一脉相承又与时俱进的科学理论，是中国经济社会发展的重要指导方针，是发展中国特色社会主义必须坚持和贯彻的重大战略思想。① 科学发展观的核心是坚持以人为本，根本方法是统筹兼顾。胡锦涛同志说：“要牢固树立保护环境的观念。良好的生态环境是社会生产力持续发展和人们生存质量不断提高的重要基础。要彻底改变以牺牲环境、破坏资源为代价的粗放型增长方式，不能以牺牲环境为代价去换取一时的经济增长，不能以眼前发展损害长远利益，不能用局部发展损害全局利益。要在全社会营造爱护环境、保护环境、建设环境的良好风气，增强全民族的环境保护意识。”② “要牢固树立人与自然相和谐的观念。自然界包括人类在内的一切生物的摇篮，是人类赖以生存和发展的基本条件。保护自然就是保护人类，建设自然就是造福人类。要倍加爱护和保护自然，尊重自然规律。对自然界不能只讲索取不讲投入、只讲利用不讲建设。发展经济要充分考虑自然的承载能力和承受能力，坚决禁止过度性放牧、掠夺性采矿、毁灭性砍伐等掠夺自然、破坏自然的做法。要研究绿色国民经济核算方法，探索将发展过程中的资源消耗、环境损失和环境效益纳入经济发展水平的评价体系，建立和维护人与自然相对平衡的关系。”③

科学发展观为我们提供了一种科学的生产和生活方式，讲求人与自然及人与人的和谐相处和共同发展。如果说科学发展观是一条七色彩

---

① 《十七大以来重要文献选编》(上)，中央文献出版社 2009 年版，第 10 页。
② 《十六大以来重要文献选编》(上)，中央文献出版社 2005 年版，第 853 页。
③ 同上。

虹，使我国的生产和发展方式变得生动富有活力，那么“中国梦”的提出更像是一幅宏阔的高山流水图，挥毫泼墨彰显出华夏文明五千年的精神追求与灵魂夙愿。梦想像一座美丽的城堡，吸引着无数的人们流连忘返，也在人们的心里种下了一颗美好的种子，它像调味品为人们调制出“缤纷色彩”的五味佳肴。没有梦想的人生是单调乏味的，没有梦想的生活就像一根没有目标与方向的芦苇，摇摆不定，流浪漂泊。对于每个个体而言，梦想是其精神的一方净土。对于一个国家一个民族而言，梦想是扎根其灵魂的一种信仰。“经过几千年的沧桑岁月，把我国56个民族13亿多人紧紧凝聚在一起的，是我们共同培育的民族精神，而贯穿其中的、更重要的是我们共同坚守的理想信念。”①

中国梦不单纯是指一个国家和民族的复兴之梦，更是属于每一个炎黄子孙的花好月圆之梦。2012年，习近平同志在国家博物馆参观《复兴之路》时，首次提出“中国梦”。中国梦的实现，需要每一位华夏儿女付出自己的绵薄之力。正如习近平同志所说，“只要我们紧密团结，万众一心，为实现共同梦想而奋斗，实现梦想的力量就无比强大，我们每个人为实现自己梦想的努力就拥有广阔的空间。生活在我们伟大祖国和伟大时代的中国人民，共同享有人生出彩的机会，共同享有梦想成真的机会，共同享有同祖国和时代一起成长与进步的机会。有梦想，有机会，有奋斗，一切美好的东西都能够创造出来。”②

“国无德不兴，人无德不立。任何一种社会制度的背后，都有其核心价值观，全面深化改革既是制度完善、治理推进的过程，也是价值彰显、精神构建的过程。社会主义核心价值体系这一兴国之魂，决定着中国特色社会主义发展方向，也是推进国家治理现代化的重要力量。”③生态文明制度建设是中国特色社会主义制度建设的一部分，党的十八大报告首次把“生态文明”纳入中国特色社会主义总体布局中，这种理论认识深刻体现了中国共产党人对中国社会发展的实践体会。

---

① 任仲平：《标注现代化的新高度——论准确把握全面深化改革总目标》，人民网，http://opinion.people.com.cn/n/2014/0414/c1003-24890189.html，2014年4月14日。

② 习近平：《在第十二届全国人民代表大会第一次会议上的讲话》，人民出版社2013年版。

③ 任仲平：《标注现代化的新高度——论准确把握全面深化改革总目标》，人民网，http://opinion.people.com.cn/n/2014/0414/c1003-24890189.html，2014年4月14日。

“中国梦”不仅是属于中国的，也是属于世界的；不仅是属于每一个中国人民的，也是属于中华民族的。在全球化的背景下，生态文明的建设不仅是实现“中国梦”的途径，也是实现“中国梦”的保障。

二 “中国梦”与生态文明的耦合

“中国梦”与生态文明理念并不是泾渭分明彼此割裂的，而是具有内在的耦合性。一方面，中国梦这一“社会工程”的实施为生态文明建设提供战略指导；另一方面，生态文明建设为“中国梦”的实现奠定了坚实的生态基础，而生态文明本身亦是中国梦体系的重要组成部分和题中应有之义，二者相辅相成、相得益彰，共同构筑“美丽中国”。

社会主义生态文明建设是在“中国梦”的指导下进行的。生态文明建设为“中国梦”战略的实现奠定了坚实的基础。正如习近平总书记在第十二届全国人民代表大会第一次会议上的讲话中所指出的那样，“我们要坚持发展是硬道理的战略思想，坚持以经济建设为中心，全面推进社会主义经济建设、政治建设、文化建设、社会建设、生态文明建设。深化改革开放，推动科学发展，不断夯实实现中国梦的物质文化基础。”生态文明本身也是中国梦体系的题中应有之义。因为“中国梦”战略是一个全面、协调、可持续发展的战略，而“发展”乃是经济、政治、文化、社会、生态齐头并进的过程。对此，习近平总书记在十八届中共中央政治局一次集体学习时的讲话中说得非常明确，他指出“强调总体布局”是因为中国特色社会主义是全面发展的社会主义。我们要牢牢抓好党执政兴国的第一要务，始终代表中国先进生产力的发展要求，坚持以经济建设为中心，在经济不断发展的基础上，协调推进政治建设、文化建设、社会建设、生态文明建设以及其他各方面建设。

实际上，无论是“中国梦”也好，生态文明建设也好，其实说到底都是为了创造一个更加适合人居的生存空间，提高国民的幸福指数。正如党的十八大报告所指出的那样，要按照人口资源环境相均衡、经济社会生态效益相统一的原则，控制开发强度，调整空间结构，促进生产空间集约高效、生活空间宜居适度、生态空间山清水秀，给自然留下更多修复空间，给农业留下更多良田，给子孙后代留下天蓝地绿水净的美好家园。这是“中国梦”与生态文明建设的共同价值追求。从这一意义上讲，此二者是内在通融、彼此耦合的。“天蓝、地绿、水净”是人们普遍追求的理想境界。改善人们的居住环境，增加人们的幸福感，既是“中国梦”战略和生态文明建设的出发点，也是它们的落脚点和归宿，二者有着共同的旨归。

事实上，“中国梦”与生态文明建设不仅是内在通融的，同时还是互涵互动的。一方面，“中国梦”战略生动地体现“三贴近”的原则。贴近实际、贴近群众、贴近生活，得民心、顺民意、高屋建瓴，从宏观上为生态文明建设提供了战略性的引导。另一方面，生态文明建设立足于改善人居环境、着眼于提高国民幸福指数，是“中国梦”宏伟蓝图得以顺利实现的重要途径。简言之，“中国梦”的实施有助于生态文明的建设实践，而生态文明本身亦是美丽中国梦的内在要求和题中应有之义，二者相互依存、相互促进、互涵互动、密不可分，是一个有机的整体，高度耦合与彼此通融乃是“中国梦”与生态文明的内在逻辑。近些年来，随着经济社会的迅速发展，人们对自身的生存环境亦提出了更高的期待，而美丽“中国梦”在一定意义上恰恰是对人民群众日益强烈的环境诉求所做出的积极回应。

实现中华民族伟大复兴的“中国梦”，就是要实现国家富强、民族振兴、人民幸福。“中国梦”是国家富强梦、民族复兴梦、人民幸福梦的有机统一。在“中国梦”中，生态文明建设内涵应该包括国家层面的生态富强梦；民族层面的生态振兴梦；个人层面的生态幸福梦。富强关乎国家前途，国家富强是中国梦的首要目标。长期以来，由于落后主要表现为经济落后，富强主要集中在物质领域，于是经济建设就成为中心任务，发展物质文明就成为必然选择。经过改革开放40多年的经济建设，我国发展成为一个经济大国，同时也变成了一个生态贫国，这是对富强片面理解的必然结果。按照“五位一体”的总布局，富强应该包括物质富强、政治富强、精神富强、民生富强和生态富强。只有实现五种富强全面协调可持续发展，才能真正实现中国梦。我国刚刚告别了物质短缺时代，又迎来了生态短缺时代，生态差距是我国与发达国家的最大差距之一，生态产品成为我国最短缺最急需大力发展的产品。生态产品短缺的危害十分严重，不仅直接影响到人口和经济的承载能力，而且直接影响人的生存。

三　生态文明制度的建设是实现中国梦的必要途径

党的十八大把“生态文明”纳入“五位一体”建设的总体布局中，说明党对我国经济社会发展的认识已经提到更加深刻的理论层面上。科学技术的进步虽然使我国的经济得到飞速的发展，但经济的强大并不能代表社会的发展没有任何漏洞，环境破坏和资源过度损耗等一系列生态失衡的问题已经向我们走来，这个时候我们党提出要加快建设生态文明制度是明智之举。

首先，生态文明制度的建设符合中国特色社会主义可持续发展的要求。可持续发展是指“满足当前的需要，而不危及下一代满足其需要的能力”① 的发展。这一概念在世界环境与发展委员会的报告《我们共同的未来》一经提出，就获得全球社会的普遍认同。生态文明制度建设的终极目标就是要实现中国经济社会的可持续发展，使社会经济发展的成果既惠及当代人的需要，又能满足子孙后代的需求。中国作为一个农业大国，要想实现经济社会的可持续发展，目前最主要的是要实现农业的现代化，因为我国农业发展相对于第二和第三产业来说是落后和低端的。以向城镇转移大量的农村剩余劳动力，建设各种类型的中小型城镇为主要手段，逐步实现城镇化道路。提高农村人口受教育的水平，改善农村环境，加强对农业的补贴，使“三农”问题得到有效切实的解决。缩小城乡之间的收入差距，提高农民的生活水平，实现农业问题的机械化和自主化，走上一条中国特色的社会主义城镇化道路。实现人与人之间的和谐以及城乡之间的互融，这符合生态文明建设的理念。

其次，生态文明制度建设为中国特色社会主义可持续发展提供了有利的国际环境。在经济全球化的时代，任何国家的发展都不能脱离其他国家的依托而独立存在，对中国这个世界上最大的发展中国家而言更是如此，中国的发展离不开世界，世界的发展也需要中国。如果说中国的国内环境给本国的发展提供了一片肥沃的土壤，那么世界这个广阔的国际环境对中国的发展来说就好比一片广袤无际的海洋。要想实现中国特色社会主义的可持续发展，必须以生态文明为路线，遵守国际社会的规则，从而逐步实现美丽“中国梦”的理想。

由于各个国家天然的资源禀赋存在差异，因此就决定了各国在国家社会上不同的地位。生产力发达、经济发展迅速的西方国家一直在世界这个大舞台中占据统治地位，发展中国家和经济相对落后的国家处于被统治和被支配的地位。中国作为世界上最大的发展中国家，人口多，底

---

① 世界环境与发展委员会：《我们共同的未来》，人民出版社 1997 年版，第 10 页。

子薄，是我国自古以来的特点。尽管近年来，我国的经济发展速度取得了突破性的进展，2010 年 GDP 总量超过日本成为世界上继美国之后第二大经济体，但我们的经济增长是以破坏环境和资源过度消耗为代价的。因此，总体上来讲，我国的经济增长的成本是巨大的。资源的不合理利用和环境的过度破坏，在危及我国经济长期发展的同时，对国际上其他国家来说也是不利的。因此，中国特色社会主义的可持续发展，要想获得国际社会的认同和支持，在发展经济的同时，需要运用生态文明的理念来引导经济社会的发展方向。按照生态文明的价值理念，我国的经济增长不仅要满足当代人的需要还要惠及子孙后代，并且对国际社会的整体发展贡献自己的一分力量。在打造美丽“中国梦”的同时，也为世界增一抹青山绿水蓝天。

最后，生态文明制度的建设为中国特色社会主义可持续发展提供了和谐的国内环境。从马克思哲学的角度，我们可知作为社会中的人既有自然属性也有社会属性。在自然属性方面，人的生存发展依赖于自然环境和资源，来自自然最后又回归于自然。正如恩格斯所说：“我们连同我们的肉、血和头脑都是属于自然界，存在于自然界的。”因而，自然环境的破坏会有损于人类自身的发展，呼吁人人树立起保护环境的意识是必不可少的。生态文明的建设就是要为人类生存建立起一个良好的生态环境，实现人与自然的和谐，为中国特色社会主义可持续发展提供有利的自然环境。从社会属性方面看，虽然每个人都作为独立地个体而存在，但并不是孤立的生存在社会中，而是在一个人与人联系非常紧密的环境中生存。通过一定的生产和生活方式的结合而营造一个人人和谐共生的社会环境是实现人与人之间和谐互动的基础。

总之，生态文明制度的建设，为每一个生长在其中的人，不仅塑造了一个和谐共生的自然环境，也营造了一个人与人互相连通的社会环境。虽然人们在智力水平、生活条件、工作能力和社会地位等方面存在不同，但每个人都能获得平等的人生奋斗的机会，在各个岗位上都能各尽其职各谋其所，实现自己的理想和生活抱负。就像习近平同志所说：让人民共享人生出彩的机会。

四　生态文明制度的建设为“中国梦”的实现提供了保障

“观念规定制度是指制度是人们依据观念蓝图构建的。各种因素造成发展的情势，他们反映在人们的观念里，人们依据形成的观念构建制度。依据观念的蓝图构建，不是说观念是制度的发生论根据，而是说观念是制度的直接依据，制度的发生论根据不在观念，而在实践，主要是物质生产实践”。[①] 树立生态文明制度的观念，对我们实施环境保护和节约资源的政策具有保障和先导的作用。

“中国梦”的实现是要建造一个美丽和谐的家园，并且实现人与自然以及人与人之间的和谐共生的愿望。生态文明制度的建设为美丽“中国梦”的实现提供了良好的自然环境和社会环境，更好地促进了经济社会的发展。制度的发展又为生态文明的顺利进行，提供了坚实的后盾。就像柯武刚、史漫飞所说：“制度是行为规则，并由此而成为引导人们行动的手段。他们通常都要排除一些行为并限制可能的反应。因此，制度使他人的行为变得更可预见。他们为社会交往提供一种确定的结构。”[②] 生态文明制度的建设为人们营造了一个碧水蓝天的环境，为美丽“中国梦”的实现建造了一座牢靠的堡垒。

---

① 鲁鹏：《制度与发展关系研究》，人民出版社 2002 年版，第 33 页。

② ［德］柯武刚、史漫飞：《制度经济学——社会秩序与公共政策》，韩朝华译，商务印书馆 2000 年版，第 112 页。

第四章　资源富集区生态文明评价指标体系的构建

社会主义生态文明建设是一个综合性体系，生态文明不仅要求经济增长与社会进步并行，也要求生态环境与之相协调发展，新的社会主义生态文明体系是一个良性循环的主体，是我国建设的主要目标与方向。要加强生态文明体系的构建，完善的制度体系与技术指标是衡量生态文明建设进展以及具体评价的必要条件。在社会主义生态文明评价体系中，主要考虑到三个方向的协调性，即经济方向、社会方向和生态环境方向。社会主义生态文明评价体系是一个综合性的评价体系，不仅包括经济建设以及社会发展，还将生态环境建设相关要求纳入其中。生态文明建设是一个漫长又浩大的工程，生态文明评价体系的构建为衡量其发展进程和发展质量，提供了行之有效的技术保障。

相对以往的评价体系，本书创新性地将环境污染与生态破坏所造成的经济损失经技术评价后纳入生态文明评价体系之中，使以资源富集区为目标区域的生态文明评价体系有了进一步的拓展。

第一节　生态文明建设评价体系的构建

生态文明意识到了传统片面的重经济增长发展模式的弊端，更加注重环境保护与生态建设，在借鉴了国外工业化进程中“先污染，后治理”的经验之后，我国将生态文明建设作为战略性发展方针来指导新时代下的经济建设与社会发展。生态文明在我国灿烂的古代文化中已早有体现，这种良性的发展模式有着内在的文化根基与现实的经验教训，如今这种根植于传统的可持续发展的模式再次得到了回归。生态文明是一种制度观念文明，它超越了一般意义的器物文明与行为文明，涉及当代国人的生产生活方式、思考模式以及价值理念，并时刻考验着中国特色社会主义制度的发展创新。要想从传统的经济发展模式中摆脱出来，就需要转变现今的粗放型发展方式，而这种发展方式不仅来源于既有的生产生活模式，也涉及更高层面的社会环境与制度建设。因此，要想从真正意义上去建设生态文明，必须对现有的经济社会发展观念进行质的转变。

本书首先根据现有的研究成果结合目标区域——资源富集地区的社会经济现状，将生态文明评价体系划分为以下三个领域，主要包括生态环境指标、经济建设指标和社会发展指标，以科学性、导向性和可操作性的原则选取能够充分体现生态文明内在特征的指标。生态环境指标主要选取了园林绿化面积，水、大气、固体废弃物污染损失占 GDP 的比重，以及环境保护投资等重要指标，来衡量资源富集区的生态环境状况；选取资源开采业占 GDP 比重，单位 GDP 能耗，单位 GDP 电耗，工业占 GDP 比重，人均 GDP 和区域总 GDP 等数据来衡量目标区域的经济发展健康程度；选取人均住房面积，人体健康经济损失占 GDP 比重，人均教育固定投资以及每千人所占有病床数等指标来衡量地区的社会发展程度。研究过程中，针对资源富集区的线性特征，并结合目标区域的实际情况进行数据加工与技术处理，进而综合评定与分析资源富集区的生态文明建设现状。

由于本书的研究对象为具体的地级市，部分具体的测度指标缺乏相关的数据支撑，例如在衡量当地湿地面积、地表水体质量、农药施用强度以及人均寿命等方面可采信数据获取困难，给建立完善的生态文明评价体系带来了困难。具体地区的研究探讨更多的应该是以方法体系为主导，尽可能地去建立完善的评价体系，同时对新的数据指标提出新的要求，希望相关统计部门能够拓展统计范围，完善对应的统计指标，为全面反映地区社会经济以及生态环境发展水平提供更加完善的数据支撑与技术保障。但就当前可获得的统计数据，本书进行了一定程度的取舍，尽管如此，我们对生态文明的评价工作仍然进行了诸多有益的尝试与探索。

第二节　评价指标体系说明与数据来源

根据生态文明评价体系的构建设计，本书将该体系划分成三个层次，主要包括生态环境指标、社会指标和经济指标，如表4－1所示。

表4－1　　　　生态文明建设评价指标体系

一级指标	二级指标	三级指标	指标解释	指标性质
生态文明评价体系	生态环境指标	园林绿化面积	城市绿地面积	正指标
		水污染损失占GDP比重	水污染造成的经济损失占GDP比重	负指标
		固体废弃物损失占GDP比重	固体废弃物造成的经济损失占GDP的比重	负指标
		大气污染损失占GDP比重	大气污染造成的经济损失占GDP的比重	负指标
		环境投资占GDP比重	环境投资占GDP的比重	负指标
		生态破坏损失占GDP比重	生态破坏损失占GDP的比重	负指标
	社会指标	人均供暖面积	人均供暖面积	正指标
		人体健康损失占GDP比重	人体健康损失占GDP的比重	负指标
		人均住房面积	人均住房面积	正指标
		人均教育固定投资	教育领域人均固定投资额	正指标
		每千人医疗床位	每千人医疗床位	正指标
	经济指标	资源开采业占GDP比重	资源开采业占GDP的比重	负指标
		单位GDP能耗	每一万元GDP的能耗	负指标
		单位GDP电耗	每一万元GDP的电耗	负指标
		工业占GDP比重	工业占GDP比重	负指标
		服务业占GDP比重	服务业占GDP比重	正指标
		人均GDP	人均GDP	正指标
		GDP	GDP	正指标

一　生态环境指标

1. 园林绿化面积

园林绿化作为城市生态系统中的一部分，不但具有美化环境的作用，对城市的温度调节也起着非常重要的作用，所以园林绿化面积是衡量城市生态环境的有效指标，在这里园林绿化面积是指目标区域的园林绿化面积，数据来源于《陕西统计年鉴》。

园林绿化是绿化的一部分，绿化分为广义绿化和狭义绿化。广义的绿化主要指增加植物，用来改善环境的园林工程等行为；狭义的绿化主要指如何去有效地评价某一植物的存在对环境的影响，可以细分为园林绿化、公园绿化和景观绿化等。

首先，绿化的主要作用是补充空气中的氧，并吸收过滤大气中的有害气体。成年人一昼夜需要排出大约0.9千克的二氧化氮，吸收0.75千克的氧气。要维持空气中氧气和二氧化碳的平衡，就要在及时补充大气中需要的氧气同时，不断地吸收二氧化碳。众所周知，绿色植物进行光合作用时，可以吸收空气中的二氧化碳并释放氧气，而空气中大约60%的氧气是由森林和绿地制造的。绿色植物能帮助减少汽车尾气中的氮氧化合物，降低大气中臭氧的含量。其次，是绿化面积的增加，绿色植被数量的增多。而生长在植物叶面的绒毛，通过分泌黏液和油脂，可以过滤或拦截大气中的各种有害颗粒物。这些吸附颗粒物的植物在经过雨水冲刷后，还具有吸尘的功能。绿色植物还具有防风减噪的作用，特别是茂密的森林，这样的作用更加明显。因为气流和声音通过森林后，会被树干、树枝和枝叶阻碍，气流和声音就会向四周发散，强度就会慢慢减弱，因此植树造林可以起到防风减噪的作用。最后，有的绿色植物分泌的黏液还具有杀菌的作用，可以降低通过空气传播的疾病的诱发概率。还能够通过阻碍太阳辐射，调节当地空气的温度和湿度。

2. 水污染损失占GDP比重

即水污染所造成的经济损失占GDP的比重。该损失主要包括工业用水和生活用水污染所造成的经济损失，是每年污染处理所产生的费用。水污染损失是指原本可以直接投入生产与生活的水被污染后，需要付出额外成本才能再利用的情况。

水是生命之源，不仅关系到个人的生存发展，也是促进国家经济发展进步的重要资源。我国目前的水污染情况比较严重，大约90%以上的城市的水源都遭受到不同程度的污染。水利部的研究表明，全国700余条河流与约10万千米河长中约有46.5%的河长期受到污染、10.6%的河受到严重污染。由此我们可以看出，中国的水污染问题已经越来越严峻，前景不容乐观。人们饮用被污染之后的水源，污染物含量的增加会导致人体的急性或慢性中毒，诱发癌症等重金属污染物疾病。

水污染损失是指原本可以直接投入生产与生活的水被污染后，需要付出额外成本才能再利用的情况。资源富集区的水污染主要表现为：传统的畜禽养殖排泄物造成了严重的环境污染，但长期没有得到重视，根据指南意见将此部分损失按 2:8 进行干湿法处理，分别计入水污染和固体废弃物污染损失；石油煤炭开采和冶炼过程中需要大量的用水并且会向水中排放大量的油类、酚类和苯类化学物质，污染水体；随着能源化工产业集聚，地区人口大量集聚，居民生活污染成为越来越重要的分布式污染源，并且逐渐向农村地区扩展；能源开采以及化工对地面径流与地下水造成了严重的污染，由于目标区域内自来水普及率相对较低，大量的污染物通过水源给广大农村居民带来严重的健康威胁（城市采用自来水，忽略不计）。本部分的水污染损失计量主要按地区的畜禽养殖业、工业废水排放量和生活废水排放以及人体健康损失进行核算。

$$L_W = L_a + L_i + L_l$$

$$= \sum_{i,j}^{m,n} A_i \cdot \beta_i \cdot C_j + \frac{OE}{VT} \cdot TV + \sum_{k=1}^{n} P \cdot \beta_k \cdot C_k$$

其中，L_a 为畜禽排泄造成的水污染损失：A_i 为不同畜禽的出栏量，β_i 为畜禽排放系数，C_j 为污染物单位治理成本，i 为畜禽类别，j 为污染物类别；L_i 为工业废水污染损失：OE 为工业污水处理设施运行费用，VT 为工业污水处理量，TV 为工业污水排放总量；L_l 为生活废水污染损失：P 为该地区人口，β_k 为人均污染物排放系数，C_k 为污染物单位治理成本，k 为污染物类型。

数据来源：其中不同种类畜禽的数量来自《陕西统计年鉴》，不同畜禽的排放系数以及排放物的单位处理成本来自《中国环境经济核算技术指南》，生活废水的排放系数来自《中国环境经济核算技术指南》，目标区域的人口以及两地的人均 GDP 来自《陕西统计年鉴》。

3. 固体废弃物损失占 GDP 比重

中华人民共和国环境保护部在 2014 年 12 月发布的全国大、中城市固体废弃物污染环境防治年报中，2013 年陕西省一般工业固体废物产生量位居全国第九位、工业危险废物产生量位居第十位、城市生活垃圾产生量位居全国第十二位。在对全国 261 个大、中城市的统计中，前十位城市生产的工业固体废弃物总量占全部一般工业固体废弃物产生总量的27.03%，前十名城市产生的工业危险废物总量占全部工业危险废物总量的40.82%。由此可见，在经济社会快速发展的同时，固体废弃物污染环境的问题也日益突出。不仅影响人体的健康，还破坏了生态平衡。固体废弃物的妥善处理，既是改善大气、水和土壤质量的客观要求，也是深化环保的重要堡垒，更是保障人体健康的现实需要。

固体废弃物污染是一个地区最常见的污染物，一般包括工业固体废弃物和生活固体废弃物两种形式，但两种污染物的处理形式是不同的，对于工业固体废弃物的处理分为一般固体废弃物和危险固体废弃物两种的贮存和处理，而对生活固体废弃物的处理方式一般就是清运、填埋和焚烧几种形式。其单位成本如下：

$$L_S = S_i + S_l = \sum_{i=1}^{n} V_i \cdot C_i + \sum_{j=1}^{m} \beta_j \cdot C_j \cdot P$$

其中，L_s 为工业固体废弃物造成的经济损失；S_i 为工业固体废弃物造成的经济损失；V_i 为工业固体废弃物的排放量；C_i 为工业固体废弃物的处理成本，其中 i 指工业固废类别，包括一般和危险固体废弃物的处理和贮存；S_l 为生活固体废弃物造成的经济损失：β_j 为生活固体废弃物的排放系数，C_j 为生活固体废弃物的处理成本，其中 j 表示生活固废类别；P 为目标地区人口。

数据来源：其中一般固体废弃物和危险品废弃物以及其储存和处理的数量来自《陕西统计年鉴》，不同类型的固体废弃物的储存与处理成本来自《中国环境经济核算技术指南》，人口来自《陕西统计年鉴》，生活废弃物的排放系数来自《中国环境经济核算技术指南》。

4. 大气污染损失占GDP比重

大气污染是指空气中外源性污染物质的浓度增加超过了环境自身的净化能力进而破坏了环境系统，以及对人类生产生活产生了不利的影响。根据课题研究的评估需要，将大气污染物按其在大气中的形态分为气态污染物和颗粒污染物两种类型。对于资源富集地区来讲，气态污染物主要为煤炭石油等化石能源燃烧后排放的化学性气体，该类型的气体会通过与水的结合形成酸雨对植物和建筑物产生侵蚀或者被人吸入呼吸道以后对人体产生健康损害。而颗粒污染物主要包括烟尘和粉尘，2007年以前主要统计指标是TSP，而之后按PM10统计，根据指南意见将

TSP 和 PM10 的转换率定为 0.45。所以在大气污染核算方面按虚拟成本治理法分为工业和生活气体污染物排放两个部分。

$$L_A = L_i + L_l = \sum_{i=1}^{m} V_i \cdot C_i + \sum_{j=1}^{n} V_j \cdot C_j + S \cdot C + G \cdot N \cdot Y$$

其中，L_i 和 L_l 为工业与生活大气污染损失：V_i 和 V_j 为工业和生活大气污染物排放量，C_i 和 C_j 为大气污染单位治理成本，其中 i 和 j 分别指工业和生活大气污染物类别；S 为供暖面积，C 为单位供暖成本。

数据来源：其中工业废气的排放量直接来源于《陕西统计年鉴》，根据单位废气处理成本结合废气排放总量来核算出总的工业废气所造成的经济损失，单位废气的处理成本来自《中国环境经济核算技术指南》。

5. 环境投资占 GDP 比重

环境投资占 GDP 比重是一个地区用于环境保护以及其他污染治理等所投资的费用占当地 GDP 的比重。

根据国际经验，当治理环境污染的投资占国内生产总值的比例达到 1%—1.5%时，环境恶化的趋势可得到有效的控制，当这个比例达到 2%—3%时，就能有效地改善环境的质量。本书把环境投资占 GDP 比重考虑进来，可以通过这个指标衡量目标区域治理环境的投入，是考量生态文明建设的一个重要因素。

数据来源于《陕西省统计年鉴》。

6. 生态破坏损失占 GDP 比重

生态破坏损失是指人类不合理地开发利用自然资源，打破了原有的生态平衡，使人类及其他生物的生存环境恶化的一种自然现象。资源富集区的生态破坏主要表现在矿区建立及扩张过程中对原有地表植被的破坏，这直接导致了原有耕地、草地和林地等面积的减少。另外在石油、煤炭开采的过程中，使用过的水会携带大量有害化学物质，会直接污染地面径流和地下水，并且进一步造成土壤污染，对地表植被产生危害。根据环境价值理论，植被、水和其他生态环境的自身都是有价值的，这包括其本身所具有的经济价值，也包括隐性的如气候调节、水源涵养以及能给人带来愉悦等功能价值。根据环境损失评估的理论，可以将生态破坏损失分为以下几个部分：一是破坏植被、水源等生态环境造成的直接的经济损失，这部分可以通过市场价值法进行测算；二是由于对耕地、草地、林地的占用所导致的生产、生活停滞等间接损失，可以通过机会成本法进行衡量；三是由于生态系统的破坏导致了生态功能的缺失，为恢复生态功能而投入的成本则是其恢复成本，主要通过影子工程法来衡量。结合实地调研，生态破坏的经济损失核算如下：

$$L_2 = L_D + L_I + L_R = \sum_{i=1}^{n} L_{D_i} + \sum_{i=1}^{n} L_{I_i} + \sum_{i=1}^{n} L_{R_i}$$

其中，L_2 为生态损失；L_D 为直接生态损失；L_I 为间接生态损失；L_R 为生态恢复费用；i 指耕地、林地和草地。

数据来源：耕地、森林和草地的面积来源于《陕西统计年鉴》以及其他文献，根据耕地、林地和草地面积的生态价值来衡量其损失的损失价值，其技术方法来源于《中国环境经济核算技术指南》。

二　社会指标

1. 人均供暖面积

是指研究目标区域内人均供暖面积，由于现阶段供暖主要采取煤和天然气等燃料，其供暖面积的多少直接影响着地区的环境质量。同时，人均供暖面积也是一个地区人口生活质量的重要体现。其数据来源于《陕西统计年鉴》。

从目前的全国供暖主要形式来分析，供暖所需的燃料主要以煤、石油和天然气为主。天然气是一种比较洁净的高热值燃料，在燃烧的过程中产生的污染物相对较少，大体上可以看作清洁燃料。燃料油在燃烧的过程中如果燃烧不良，会产生黑烟现象，严重地污染大气环境。而煤炭作为供暖的主要燃料，在燃烧的过程中不仅会排出如二氧化硫、二氧化碳、微量金属、放射性物质和烟尘等多种污染物，还会产生大量的灰渣，这些有害气体和物质，排放到大气中会改变空气的成分，污染环境，甚至会危害人体的健康，如近年来广受关注的 PM2.5 以及雾霾天气等，大多与冬季燃煤供暖有关。利用煤炭供暖的另一个不利的方面是能耗浪费严重，据统计，若我国北方城镇能耗 2.66 亿吨的标准煤就相当于 6 座三峡大坝年发电量。

因此，人均供暖面积对环境的影响是间接的，是综合定量分析目标区域生态文明建设的重要指标，也是反映居民生活质量的一个方面。

2. 人体健康损失占 GDP 比重

是指由于大气污染和水污染给人体健康造成的经济损失。空气中排放的 PM10 等有毒气体以及被污染水体中含有的有害物质均会对人体产生一定的危害。根据现有的文献研究，空气中排放的 PM10 等污染物溶于水后会对人体的呼吸道以及心血管造成明显的损害，进而诱发或产生呼吸道以及心血管疾病，并且和人体健康之间存在明显的剂量反应关系，根据地区空气污染物质排放量以及水体中有害物质的排放量，通过剂量反应关系即可以得出由于空气和水污染对人体健康所造成的经济损失。此处加入人体健康所造成的经济损失是针对资源富集区特殊的环境现状所设计的指标，即参考过去由于资源开发所造成的大气污染与水污染给人体健康所造成的经济损失。

3. 人均住房面积

目标区域内的人均住房面积，是测度一个地区居民生活质量的重要参考指标，数据来源于《陕西统计年鉴》。

改革开放 40 年来，中国城乡居民的生活水平和居住条件发生了翻天覆地的变化。近几年来，我国的房地产也发展迅猛，住房价格一直居高不下，住有所居一直是中央政府改善民生重点关切的一个方面。资源富集区依靠能源经济得到发展，如何在保障人们收入水平提高的同时，也提升人们的生活质量，人均住房面积之所以会纳入生态文明指标的评价体系中，不仅是它能很好地反映该区域人们的生活质量和水平，也是当地经济发展程度的一个缩影。

4. 人均教育固定投资

一个地区每人平均所获得的教育方面的投资，是衡量一个地区居民教育水平、人口素质以及社会综合水平的重要参考指标，对于生态文明的整个评价体系而言有着重要的参考意义。数据来源于《陕西统计年鉴》。

影响教育经费投入的因素主要有：经济发展水平、人口因素、科技进步水平、产业结构、国家教育管理体制和政策。其中人们受教育水平的程度与一国或一个地区的经济发展水平和科技进步水平是双向互动的，经济发展水平和科技水平的提高会为教育投入提供财力支持，而教育的发展反过来又会有利于经济的发展和科技水平的提高。

相对资源富集区而言，提高资源开采的新技术和利用效率以缓解环境压力，都需要增加人力资本的投入。人才是竞争的源泉，是获取优势的关键。政府在合理分配财政收入的同时，应当加大对地方教育的投入，提高居民的劳动素养，并且改善不合理的教育投资体制，提高劳动者的技术水平，营造良好的文化氛围和文教观念，为各产业的良好健康发展储备人才。

5. 每千人医疗床位

每千人医疗床位是指一个地区平均每一千人所拥有的医疗床位数，是反映一个地区医疗设施完善程度，人民享受医疗服务水平的重要指标，数据来源于《陕西统计年鉴》。

资源富集区的资源禀赋推动了区域经济的发展，但能源的低效率利用以及不合理的开采，造成了严重的环境污染，给地区人们的健康造成一定的威胁。伴随着中国老龄化人口的增加，有效劳动力数量的减少，人口的年龄结构从另一方面说明医疗卫生的改善进步与人们的生活息息相关。每千人医疗床位数的增加，无疑给人们享用的医疗水平提供了保障，但不合理的床位数，不仅是资源的浪费也会妨碍经济的发展。

医疗床位数是根据医院的规模、等级和提供医疗卫生服务的能力制定的，一般而言人口密集的地区床位数要多于人口稀疏的地方。影响医疗床位数的另一个因素是受教育程度和经济发展水平。我国的城乡差距比较大，城市人口比较密集，受教育程度相对要高，对医疗的观念比较深、需求大，因此农村地区的每千人医疗床位要明显低于城市水平。合理的医疗床位数是保障居民生活和健康质量的重要指标。

三　经济指标

1. 资源开采业占 GDP 比重

由于资源富集区是重要的煤炭和石油开采基地，其资源开采业在经济发展中占有着重要的地位，同时对区域生态环境也有着较大的影响，对于建立生态文明评价体系而言具有重要的参考意义，因此本书将资源开采业数据纳入考察体系，将资源开采业占 GDP 的比重作为一个经济指标纳入生态文明评价体系中。数据来源于《陕西统计年鉴》，计算方法为资源开采业占比 = 资源开采业的产值/地区 GDP。

毫无疑问，矿产资源的开采对环境的污染和破坏是显而易见的，主要表现在以下几个方面：①空气污染。由于技术和机器设备的影响和不便，我国矿产资源的开采大多数是在露天的情况下进行的。在开采和利用的阶段，会向大气排放大量的温室气体和废气，造成大气中诸如硫化物和氮化物等有害气体的增加。对于像煤炭这样的开采作业，在开采过程中会产生大量的粉尘，并且在通风的情况下，产生的有毒气体瓦斯会排放到大气中去，使空气中的成分发生变化，有害气体增加，对大气环境产生污染。②水污染。在资源开采的过程中，会产生大量的生活废水、工业废水和尾矿残渣等需要排放的废水。而对水体的污染最严重的是石油开采所产生的废水和废渣。石油开采所产生的污水中有大量的含氢或硫的化合物，这样的有害物质排放到大气、土壤或水流中，势必会污染生态环境。③土地污染。我国的煤炭开采以井下作业为主，如果地下被挖空，则会直接造成地表塌陷，据统计，每开采一万吨原煤会造成地面塌陷0.2万平方米，这就会增加开采区发生地质灾害的概率，而露天开采的煤炭会直接造成地形和地貌的改变，使土地遭受不同程度的破坏。

综上所述可知，资源开采的程度和强度越大，该地区的环境污染情况也就越严重。由于本书以资源富集区为例，该区域内煤炭、石油等矿产资源比较丰富，资源开采业对于衡量目标区域的环境污染和破坏程度不容忽视，是一个评价生态文明建设的重要指标。

2. 单位GDP能耗

每创造一万元GDP所消耗的能源水平，是衡量一个地区单位GDP质量的重要标志，由于资源富集区在能源使用上主要依赖于传统的煤炭资源，由此对环境造成了比较大的污染与破坏，所以将其纳入指标体系，有别于单位GDP电耗。

对于一个国家而言，单位GDP能耗一般与工业化发展的程度基本吻合，如美国单位GNP对钢铁和水泥的消耗强度在1920年左右即达到了高峰。西德、法国和日本对钢铁、水泥、合成氨等原材料的消耗强度高峰出现时间大体在20世纪50年代和60年代，与单位GDP能耗高峰的出现时间有所滞后[①]。然而，工业发展的步伐一般与能源的多少有关，能源丰富的地区，总体上来说工业化程度较高，对环境的影响相对较大。对于资源丰富的资源富集区而言，需要加快技术进步，提高能源的利用效率，用先进的技术和设备取代传统的资源生产设施，降低单位产品的能耗。数据来源于《陕西统计年鉴》。

① 白泉：《国外单位GDP能耗演变历史及启示》，《中国能源》2006年第12期。

3. 单位 GDP 电耗

每创造一万元 GDP 所消耗的电能水平。它是指在一定时期内，一个国家或地区每生产一个单位的 GDP 所消耗的电量，是衡量电力能源效率的主要指标。不同的产业对电力的依赖和使用程度不同，因此产业结构的分布对单位 GDP 电耗会产生影响。随着经济的发展和技术的进步，当耗能比较高的产业装备得到改进，一些落后的技术装备被替代，此时单位 GDP 电耗就会明显下降。20 世纪 90 年代末，伴随着第二产业的高速发展，产业结构的调整对单位 GDP 电耗产生比较大的影响。

因此，本书选择单位 GDP 电耗作为构建生态文明评价体系的一个指标，是探究目标区域内电力资源利用及消耗的重要因素。数据来源于《陕西统计年鉴》。

4. 工业占 GDP 比重

指标有别于资源开采业占 GDP 的比重，由于资源富集区主要依赖于资源开采业，其所占的经济比重较大，同时对社会环境的影响也比较大，但资源开采业的下游产业也相对较丰富，建立的化工基地以及其他工业占 GDP 比重也较高，并且对生态环境同样有着较大的影响，所以将其考虑进来，数据来源于《陕西统计年鉴》。

工业一般是一个地区经济发展的命脉，对于资源富集区来说，丰富的能源在有利于经济发展的同时，也会衍生出许多附加的产业。衡量这些产业对该地区 GDP 的贡献，能间接地反映能源的利用效率。

工业有重工业和轻工业之分，划分的标准是根据产品单位体积的重量，重的就属于重工业，轻的就是轻工业。按照国家统计局对工业的划分标准来看，重工业包括采掘业、原材料工业和加工工业。轻工业按其使用原料的不同，分为以农产品为原料的轻工业和以非农产品为原料的轻工业。工业形成的条件是要有丰富的煤炭资源等，传统的工业有煤炭、钢铁、机械和化工纺织等。而工业发展良好的地区，大多会面临环境污染严重和能源消耗大的问题。中国的工业以能源工业、钢铁工业和机械工业为主。能源工业主要包括煤、石油、天然气和电力。钢铁工业需要大量的焦炭和铁矿石。机械工业按服务对象的不同，可以分为农业机械、交通运输业等机械制造业。机械工业是工业发展的基础，是其他经济部门发展的辅助工具。衡量一个地区的工业发展状况，机械工业是一个重要的衡量指标。

5. 服务业占 GDP 比重

该指标是衡量一个地区经济发展程度的重要标志，第三产业的比重越高，往往说明该地区的经济发展层次越高，对于一个以资源开采业为主的区域而言，服务业在 GDP 中的占比更多地体现出了经济发展的水平和层次，是经济现代化的一个重要体现。

在经济的转型期，第三产业的发展越来越快。一般把除农业、工业之外的产业称为服务业，即第三产业。服务业与其他产业最大的区别在于其生产的产品是没有实物性、不能长时间储存的服务产品。服务业主要分为两类：服务产业和服务事业。以营利或增值为目的的生产企业和部门称为服务产业。以满足社会公众需要为社会谋福利的政府行为而提供的服务产品属于服务事业。服务业是伴随着产品的生产和交换逐渐发展起来的，以提高人们生活水平为目的的新兴行业。

服务业在经济社会发展中的作用主要有：①服务业的发展越快，服务产品生产的数量越多，人民群众在充分享受服务产品带来的物质丰裕的时候，国民经济也随之快速发展。②由于服务业的经营范围比较广，容纳的劳动力较多，在生产社会财富的同时，也提高了劳动力的就业率，为社会的发展和稳定起到了重要作用。③服务业属于发展迅速的行业，劳动生产率较高，节约了劳动时间，从而间接地创造了更多的社会财富。④服务业在发展的过程中，中间投入比较少，产业链条短。服务业虽然也需要投入固定资产，但它一般是一步到位，进入和退出的门槛较低。李克强总理也曾经指出要最大限度地“松绑”服务业，这说明中央政府对服务业发展的高度关注。

数据来源：《陕西统计年鉴》。

6. 人均 GDP

人均 GDP 有别于总的 GDP，是一个地区总的国内生产总值除以地区人口之后的数据，更能反映出一个地区居民的生活水平以及购买能力，能够排除了由于地区面积大、人口多而导致的总量大的统计缺陷，是地区 GDP 质量的重要表现。

人均 GDP 的测算标准是一个国家或地区在一个经济周期内（通常是一年）生产的国内生产总值与这个国家或地区的常住人口相比计算而得。从《中国统计年鉴》我们可以查到，2014 年中国大陆的人均 GDP 为 7595 美元，陕西省人均 GDP 以 42692 元人民币位居全国省级行政区中的第十三位。尽管中国经济的发展步伐不断加快，人民生活水平有了很大的改善，但中国人口基数大、底子薄的历史问题，使中国的人均 GDP 与世界发达国家相比还有很大的差距。

一方面，人均 GDP 能够比较客观地反映一个国家或地区的经济发展水平和程度，比如以中国和日本为例，人均 GDP 虽然不能综合地反映中日两国的综合国际和经济发展水平，但却从侧面表明日本在教育、社保、医疗、环保和生态建设等方面的发展水平居于中国之上。改革开放 40 年来，虽然我国取得了举世瞩目的成绩，但城乡发展差距大、农业农村发展滞后的问题一直没有解决，这样的社会现实造就了从整体上看中国经济进步了一大截但从局部来看还很落后，社会发展还存在短板。另一方面，人均 GDP 与一个国家或地区的工业化进程和社会的稳定息息相关。人均 GDP 与社会的安定和谐成正比。一般而言，在工业化发展迅猛的阶段，社会存在诸多不安定因素。这种现象对所有行进在工业化进程的国家都是不可避免的。本书把人均 GDP 纳入生态文明评价指标体系中，既能通过人均国内生产总值反映目标区域的经济发展状态和人们的生活水平，又能展现城市的经济发展结构和社会的整体概貌。

人口与 GDP 数据来源：《陕西统计年鉴》。

7. GDP

GDP 即国内生产总值，是指一个国家（国界范围内）所有常驻单位在一定时期内生产的所有最终产品和服务的市场价格。GDP 是国民经济核算的核心指标，也是衡量一个国家或地区总体经济状况的重要指标。

国内生产总值是以产品和服务的最终价值计算的，不包括生产过程中的中间产品，这样的好处是避免产品价值的重复计算。国内生产总值是以市场价格为计算标准的，不是用成本价或重置价格，市场价格能够更好地反映产品的交换价值。国内生产总值是以正常的市场活动产生的价值计算的，非法的及非生产性的地下交易不包括在内。国内生产总值一个流量的概念而不是存量，反映的是一个国家或地区在一段时间内创造出的经济价值。本书之所以把国内生产总值纳入生态文明的评价指标体系中，目的在于综合地反映目标区域的经济发展状况及水平到达何种程度，经济的发展与生态文明的建设有着怎样的密切关系。

一般而言，GDP的核算方法有三种，即生产法、收入法和支出法。这三种方法从不同的层面反映国内生产总值及其构成要素。收入法包括的要素有工资、利息、利润、间接税和企业转移支付以及折旧；支出法包括的要素有居民消费、企业投资、政府购买和净出口；生产法包括的要素有劳动者报酬、生产税净额、固定资产折旧和营业盈余。虽然三种方法的核算角度不同，但从理论上来说核算的结果应该是一样的。但在实务中，由于受到资料来源的限制以及一些数据的可获得性，会使最终的结果产生一定的偏差。但本书不局限于国内生产总值的核算方法用哪一种，只以陕西省统计局最后公布的结果为准。

GDP数据来源：《陕西统计年鉴》。

第三节　生态文明建设评价的数据处理技术方法

在数据指标的选取过程中，本书为了尽可能全面地反映目标区域生态文明发展的综合水平，选择了18个具有代表性的评价指标。但存在的问题是，全部指标分别来源于生态环境、经济以及社会三个不同的领域，有的以百分比计，有的以面积计，有的以长度计，单位不尽相同。因此，如何对所有数据进行标准化处理就成为首先面对的技术问题。在以后章节的测算方法应用过程中，本书对各个数据采用Z分数法进行标准化处理，以便于在下一步的测算过程中进行同步数据计算与比较。

Z分数（Z－score），即标准分数（standard score），是一组数中的一个数与平均数的差除以该组数的标准差。在数学意义上所选择的数距离平均数多少个标准差，所以Z分数更能真实地反映出一个分数到这组数的平均数的标准偏差，在不同的数据指标体系下，通过这种方法进行换算后，数据就能统一起来，即表示此数据在本组数中所应该代表的位置。

Z分数公式为：

$Z=(X-\mu)/\sigma$

其中，X是一组数中的样本值，μ是该组数的平均值，σ是该组数的标准差。

标准化的数据是在三级指标下共同构成生态文明评价体系，但在生态文明评价的具体过程中很难直接确定各个三级指标的权重。因此，本书在处理数据权重方面，主要采用主观法和客观法：一种是以德尔菲法（Delphi Method）为代表的主观法，该种方法将指标罗列出来请多个同行专家进行打分，根据专家打分进行指标权重的认定，即通过拟定调查表向专家征询反馈，通过反复征询与反馈，使成员意见趋于一致最终而获得结果。此种方法适用于研究相对成熟的领域，意见分歧差别较小的场合。需要有诸多同行专家有过类似研究，对相关研究指标等比较熟。但在生态文明评价体系领域，具体针对西部资源富集区开展深入研究的专家相对较少，很难找到众多的同行专家进行论证和赋值。所以本书倾向于采用客观法进行权重的赋予，方法主要包括：指数与综合指数法、相对差距和法、TOPSIS 法、全排列多边形图示法、人工神经网络法、因子分析法、功效函数法、灰色层次分析法、灰色聚类法、灰色局势决策法、主成分分析法。运用这些客观方法进行数据权重的技术处理，需要以从权威渠道获得的客观数据为依据，然后利用相关专业软件进行整体的数据分析，得出的结果比较客观公正，不带有个人主观色彩。这些方法适合于任何领域，只要数据完整可得，测算结果就具有一定的代表性。具体的数据处理与加工过程，将会在本书第六章中具体描述。

第五章　西部资源富集区生态、经济、社会现状研究

——以陕北国家级能源基地为例

第一节　资源富集区的概念

随着世界经济一体化进程的加快，世界范围内的资源紧张问题已经成为全球的共识，世界各国为了提升本国在国际上的竞争力和话语权，不得不提高资源在经济发展中的战略地位。资源富集区顾名思义就是资源集中的地方，这里的资源主要指能源与矿产资源，如煤炭、石油等。

目前，国内外关于资源富集区的描述没有一致的标准。国内关于资源富集区概念的认识主要有以下几种：席群认为资源富集区是指区域内自然资源在全国或全球占有主导地位，区域内自然资源蕴藏量大、种类丰富、空间组合状况好、易开采、品质好；李炎亭认为资源富集区（城市）是指资源型产业在工业中占有较大份额的地区（城市），而且因为自然资源的开采而兴起进而发展壮大，这里的自然资源主要指矿产资源，如石油、有色金属、煤炭、黑色金属等；资源型产业不仅包括矿产资源的开发，而且还包括矿产资源的加工，如钢铁工业和有色冶金工业等；赵景海认为资源富集区（城市）一般指以丰富的矿产、森林等自然资源为依托，以自然资源的开采和初加工为支柱产业，并且具有专业性职能的地区。沈镭、程静认为资源富集区是随着自然资源的开发利用而兴起的，因采掘能源、矿产、森林、水电、旅游等资源而形成的相关产业在社会经济中占有主导地位的区域；郑伯红认为所谓资源富集区就是指伴随资源开发而兴起的地区或城市，或者在其发展过程中，由于资源的开发和利用从而使其不断繁荣和发展的地区。狭义的资源富集区

仅包括自然资源，如石油、有色金属、煤炭、黑色金属等；广义的资源富集区涵盖范围较广，既包括自然资源，也包括人文资源；黄沛认为资源型城市（资源富集区）是指该区域或城市是以不可再生自然资源（如煤炭、石油、天然气）的开采和加工作为其主导产业的，并分别做了定性和定量描述：一是该区域必须有资源开采业；二是资源型产业的发展对该区域的经济和社会发展具有举足轻重的作用。从量化角度确定资源型城市（资源富集区）应为，只有资源型产业的从业人员占区域从业人员10%以上，并且资源型产业产值占总产值10%以上，才可以认为是资源型城市（资源富集区）。[①]

本书认为资源富集区是自然资源储量丰富，开采相对容易，能对当地经济发展产生显著影响，且资源型产业在工业中占较大比例的区域。

第二节　资源富集区的自然生态状况

生态文明的环境建设是指在生态文明观的指导下，有意识地保护生态资源并使其得到充分合理的利用，防止人类赖以生存和发展的自然环境受到污染和破坏，同时必须对受到污染和破坏的环境做好综合治理，建设适合于人类生活和工作的环境，促进经济和社会的可持续发展。生态文明的环境建设包括对天然自然的保护和人工自然的合理建设。现在，我们要加强对生态和自然资源的保护，积极开展非固态环境污染和固态环境污染的防治，建设美丽地球。

中国是一个疆域辽阔、资源丰富的大国，全国整体来讲西部地区的地势要比东部地区高，平原地区还不到陆地面积的30%。具有地形多种多样、山区面积广大、地势西高东低的特点。中国是一个大河流域比较广阔的国家，这些河流不仅是中国地理环境的重要部分，而且还为我国的经济发展提供了大量的资源。

中国的自然资源种类多，数量丰，素有“地大物博”之说。

我国国土面积约960万平方千米，占亚洲大陆土地面积的22.1%，占全世界陆地面积的6.4%。目前，草原约占全国土地总面积的37.4%，

① 乔佼：《资源富集区产业创新研究》，硕士学位论文，西北大学，2011年。

耕地占10.4%，林地约占12.7%；我国矿产资源丰富，矿产种类多、分布广、储量大，现已发现的矿产有168种，探明有一定数量规模的矿产资源有153种，其中能源矿产资源8种，金属矿产资源54种，非金属矿产资源88种，水气矿产资源3种，探明储量潜在价值仅次于美国和俄罗斯，居世界第三位，是世界上矿产资源最丰富、矿种齐全配套的少数几个国家之一；水域面积约470万平方千米，水资源初步估算为27115亿立方米；现有森林面积1.24亿公顷，居世界第8位；生物资源非常丰富，仅种子植物就达2.45万种，居世界第3位。

一　我国西部地区的自然生态现状

我国西部地区由12个省、直辖市和自治区组成，包括重庆、四川、贵州、云南、广西、陕西、甘肃、青海、宁夏、西藏、新疆、内蒙古等。西部地区疆域辽阔，大部分地区是我国经济欠发达、需要加强开发的地区。

西部地区土地面积681万平方千米，占全国总面积的71%。我国西部地区地域辽阔，自然资源特别丰富。中国的水力资源蕴藏量位居世界第1位，而西部地区的蕴藏量占全国总量的82.5%，已开发水能资源占全国的77%，但开发利用尚不足1%。矿产资源也很丰富，西部地区的煤炭占全国的36%，石油占12%，大部分矿藏资源的储量集中在西部地区，全国已探明的140多种矿产资源中，西部地区就有120多种。

我国的西部地区气候差异大，降雨量少。西部地区远离海洋，气候复杂多样，南北差异显著。云贵高原南部四季如春，青藏高原西部终年积雪，西北地区昼夜温差极大。与此同时，受到太平洋、印度洋暖湿气流的影响，西部地区自南向北、自东向西，降雨量递减。西部地区虽然地域辽阔，但是大多为高山、高原、雪域、沙漠、戈壁、丘陵、沟壑，非耕地资源占土地总面积的95.8%，耕地面积仅占全国耕地面积的23.8%。区域内部原生环境恶劣，生态系统脆弱，许多地方至今仍为人迹罕至的“无人区”。

西北地区包括陕西、甘肃、青海、宁夏、新疆、内蒙古自治区六个省、自治区。自然区划上的西北地区指大兴安岭以西，昆仑山—阿尔金山、祁连山以北的广大地区，大致包括内蒙古中西部、新疆大部、宁夏北部、甘肃中西部。

西北地区土地面积约为306.99平方千米，地形以高原、盆地和山地为主。该区域深居内陆，距海遥远，再加上地形对湿润气流的阻挡，本区仅东南部为温带季风气候，其他区域为温带大陆性气候，冬季严寒而干燥，夏季高温，降水稀少，自东向西递减。由于气候干旱，气温的日较差和年较差都很大。该区大部属中温带和暖温带。吐鲁番盆地为夏季全国最热的地区。托克逊为全国降水最少的地区。

西北地区耕地数量少，农荒地广，是中国重点垦区之一。草场辽阔，兼有干草原、荒漠与高寒草甸等不同类型草场，牲畜种类多，是中国重要畜牧业生产基地。林区分布星散，就面积论居全国第5位，而木材蓄积量则居全国第4位。能源种类齐全，蕴藏量丰富，除青海以外，其他四省区均为富煤省，其中又以新疆储量居第1位。水力资源占全国的10%，黄河上游的青、甘、宁三省区水力资源尤为丰富。内陆盆地则是油田所在；阿尔泰山与祁连山有多种金属矿产；柴达木盆地的盐湖矿种多，数量大。

西北地区矿产资源的潜在价值为33.7万亿元，其中煤炭和石油储量占比较大，且主要分布的区域集中在陕西、新疆和宁夏。新疆是中国21世纪的后备石油基地。天然气储量为4354亿立方米，占全国陆上总储气量的58%，其中陕北的天然气储量居全国前列。甘肃省的镍储量占到全国总镍储量的62%，铂储量占全国总量的57%。中国钾盐储量的97%集中在青海省。

二　陕西省及陕北的自然生态现状

陕西省，简称陕或秦，又称三秦，古朴秦川，位于中国西北内陆腹地，省会为古都西安。

陕西省已查明的矿产约有92种，其中非金属矿产约占总量的62%，能源矿产、金属矿产和水汽矿产分别为5种、27种、3种。该省矿产资源分布比较广泛，单一矿少，金属、非金属矿产中小型矿多，富矿少，中低品位矿多，共伴生矿多。

陕西省矿产资源分布区域特色明显：陕北和渭北以优质煤、石油、天然气、水泥灰岩、黏土类及盐类矿产为主；关中以金、钼、建材矿产和地下热水、矿泉水为主；陕南秦岭巴山地区以黑色金属、有色金属、贵金属及各类非金属矿产为主。[①] 陕西省已查明矿产资源储量潜在总价

① http://blog.sina.com.cn/s/blog_968d88de0101m5p1.html.

值42万亿元，约占全国的1/3，居全国之首。

陕北地区是中国黄土高原的中心部分，包括陕西省的榆林市和延安市，它们都在陕西的北部，所以称作陕北。地势西北高、东南低，总面积92521.4平方千米。

榆林市位于陕西省的最北部，在陕北黄土高原和毛乌素沙地南缘的交界处，也是黄土高原和内蒙古高原的过渡区，是国家级历史文化名城。辖榆阳区和府谷、神木、定边、靖边、横山、米脂、佳县、子洲、吴堡、绥德、清涧11个县，总面积43578平方千米，总人口3351437人，耕地64.1万公顷，为陕西杂粮的主产区。能源矿产资源富集一地，被誉为“中国的科威特”。榆林市地貌大体以长城为界，北部为风沙草滩区，南部为黄土丘陵沟壑区，分别占总面积的42%、58%。年平均降雨量400毫米左右。截至2010年，榆林已发现8大类48种矿产，以煤、气、油、盐最为丰富。煤炭预测资源量2720亿吨，探明储量1460亿吨；天然气预测资源量4.18万亿立方米，已探明气田4个，探明储量1.18万亿立方米；石油预测资源量6亿吨，探明储量3.6亿吨；岩盐预测资源量6万亿吨，探明储量8857亿吨，约占全国岩盐总量的26%，湖盐探明储量1794万吨。此外，还有比较丰富的煤层气、高岭土、铝土矿、石灰岩、石英砂等资源。榆林每平方千米土地拥有10亿元的地下财富，矿产资源潜在价值达43万亿元，占陕西省的95%。榆林市生态环境脆弱，风蚀沙化和水土流失严重，是国家防沙治沙的重点地区。

延安市位于陕北地区南部，丘陵沟壑地貌，海拔最高1525米，市区海拔957.6米。属大陆性季风气候。年平均气温9.4℃，年降水量550毫米，无霜期52天。有天然次生林173万亩，中草药材180余种，野生动物30余种。煤炭总储量约5000万吨，石油储量4845万吨。全市总人口317313人。延安市以黄土高原丘陵沟壑地形为主，年均降水量500毫米左右，属于内陆干旱半干旱气候。境内地域辽阔，植被覆盖良好，自然资源丰富，有森林2769.9万亩，森林覆盖率为42.9%；有天然草场1856.9万亩；中药材近500种；有豹、狼、石鸡、杜鹃等兽类、鸟类100余种；已探明矿产10多种，其中煤炭储量71亿吨，石油4.3亿吨，天然气储量33亿立方米，紫砂陶土5000多万吨。而且土地肥沃，光照充足，适合生长的作物品种多，具有发展种植业、畜牧业、林果业的良好条件。

如今，随着人类活动对生态环境的不断介入，生态环境问题已由局部化转向全球化，出现了范围扩大、难以防范、危害严重的特点。各种各样的生态问题逐渐凸显出来，生态环境方面的问题包括全球气候变暖、臭氧层耗损与破坏、生物多样性减少、酸雨蔓延、城市“热岛效应”等；自然资源方面的问题包括森林锐减、草地退化、湿地减少、土地荒漠化、水土流失等；固态环境污染包括重金属污染、持久性有机污染物污染、土壤污染、垃圾泛滥和固体废弃物污染；非固态环境污染包括大气污染、水污染、噪声污染和辐射污染。在陕北资源富集区，众多生态环境问题也日益凸显，不但对本区域内的经济社会发展造成了不利的影响，甚至给周边地区也带来了负溢出效应。

第三节　资源富集区的经济状况

20 世纪 80 年代改革开放以来，中国开始实行社会主义市场经济并推行经济体制改革。虽然近年来我国的经济增长速度比较快，已成为世界第二大经济体，但由于人口基数大，人均 GDP 与西方发达国家相比仍然有很大差距，是世界上最大的发展中国家。2008 年以来，虽然全球许多国家都受到由美国次贷危机引发的世界金融危机的影响，但是中国政府采取的一系列的财政政策和货币政策很好地削弱了金融危机对中国经济的冲击，从而使我国在如此严峻的国际经济背景下，经济的增长速度仍然能稳健维持。

一　我国西部地区的经济现状

西北地区主要包括陕西、甘肃、青海、宁夏、新疆、内蒙古六个省、自治区。从西部地区的情况来看：西部地区 12 个省、直辖市、自治区的经济也在增长之中，中国西部 GDP 仅占中国大陆的 13%，更严重的是，整个西部地区经济严重失衡，超过一半的 GDP 集中在仅占西部地区 5% 面积的成渝经济区。而广袤的西北地区和西藏、云南、贵州等省份仅占中国 5.9% 的 GDP，因此西部总体落后的状况依然没有得到改善。

近年来，西部地区经济发生了翻天覆地的变化，GDP 由 1998 年的

14647.38亿元增加到了2014年的149608亿元，年均增长速度达到112.49%，高于全国9.64%的年均水平，是新中国成立以来增长最快的十年。另外，西部经济增速不仅高于全国平均水平，而且与东部地区相比的发展速度差距也在逐步缩小，2014年西部地区所创造的GDP占全国GDP的比重达到23.5%，而这一数据在2008年还仅有17.8%。这也说明虽然西部地区的总产值在全国的比重仍然很小，但其比重正在迅速提高，我国经济发展的不均衡态势正在进一步缩小。这也说明近年来提高西部经济的产能，加大国家对西部地区的扶持力度，进行西部大开发等举措已经取得了重要成绩。

表5-1　　我国西部地区生产总值　　单位：亿元

地区	2014年	2013年	2012年	2011年	2010年	2009年	2008年	2007年
内蒙古自治区	17770.19	16916.5	15880.58	14359.88	11672	9740.25	8496.2	6423.18
广西壮族自治区	15672.89	14449.9	13035.1	11720.87	9569.85	7759.16	7021	5823.41
重庆市	14262.6	12783.26	11409.6	10011.37	7925.58	6530.01	5793.66	4676.13
四川省	28536.66	26392.07	23872.8	21026.68	17185.48	14151.28	12601.23	10562.39
贵州省	9266.39	8086.86	6852.2	5701.84	4602.16	3912.68	3561.56	2884.11
云南省	12814.59	11832.31	10309.47	8893.12	7224.18	6169.75	5692.12	4772.52
西藏自治区	920.83	815.67	701.03	605.83	507.46	441.36	394.85	341.43
陕西省	17689.94	16205.45	14453.68	12512.3	10123.48	8169.8	7314.58	5757.29
甘肃省	6836.82	6330.69	5650.2	5020.37	4120.75	3387.56	3166.82	2703.98
青海省	2303.32	2122.06	1893.54	1670.44	1350.43	1081.27	1018.62	797.35
宁夏回族自治区	2752.1	2577.57	2341.29	2102.21	1689.65	1353.31	1203.92	919.11
新疆维吾尔自治区	9273.46	8443.84	7505.31	6610.05	5437.47	4277.05	4183.21	3523.16

注：本表按当年价格计算。2004年以前地区生产总值数据执行《国民经济行业分类》（GB/T4754—1994），2004—2012年地区生产总值数据执行《国民经济行业分类》（GB/T4754—2002），三次产业划分根据《三次产业划分规定》（2003）。2013年开始，行业分类执行《国民经济行业分类》（GB/T4754—2011），三次产业划分根据《三次产业划分规定》（2012）。

二 陕西省及陕北的经济现状

陕西省是西北地区的重要省份，因此下面我们就主要介绍陕西省的经济情况。而陕北地区作为资源富集区，对陕西省的经济发展起到极大的推动作用。由于本书主要以陕北为例，因而下面着重介绍陕北地区的经济情况。陕北主要由延安与榆林两市组成，具有丰富的能源资源，特别是具有丰厚的煤、石油和天然气等矿产资源。

多年以来，石油工业已成为延安经济的重要支柱和主要财源，是延安经济的主要拉动力。据测算，石油工业每增长一个百分点将拉动该市GDP增长0.574个百分点。“十一五”期间，石油工业对延安GDP的贡献率高达64.2%。

榆林市是陕西最北部的一个地级行政市，共有11个县，1个区。2007年12月，榆林市被国务院确定为国家第二批“循环经济试点城市”。2008年3月，被陕西省列为省级可持续发展实验区。在市委市政府的领导下，榆林市紧紧围绕建设中国经济强市、西部文化大市、塞上生态名市三大目标，积极实施“科教引领、创新转型”战略，全力推进国家能源化工基地、现代特色农业基地、陕甘宁蒙晋接壤区域中心城市三大建设，从而促进了全市经济社会又好又快地跨越发展，取得了显著成效。

能源资源的充裕成为其经济发展的动力，致使两市的国内生产总值在陕西省也位列前茅，由图5－1中我们可以看出，两市的GDP总量从2005年开始一直在高速增长，但从总体上而言，榆林的经济增速明显高于延安。作为革命圣地的延安，矿产资源的丰裕和旅游业的发展是它主要的经济来源，而榆林作为煤、石油和天然气等矿产资源的富集区，使它成为陕西省主要的能源资源供应地，再加上它良好的资源配置，毫无疑问地给经济发展提供了天时、地利和人和的优势。从图5－1中我们可以看出，虽然两市每年的经济增长速度相差不大，但是榆林市的GDP自2010年开始远远高于延安市，从中我们可以得出，能源资源的丰富是拉动经济增长的后劲力量。

国内生产总值的发展从某种意义上显示了经济进步的程度，但真正能衡量人们生活水平需要从人均GDP的角度，图5－2的数据显示出和图5－1结果的一致性，GDP总量的发展程度决定了人均GDP含量的高低，虽然GDP的核算具有一定的缺陷，不能够准确地衡量社会福利水平，但人均 GDP 的高低从一定意义上说明了经济的发展对普通公民的谋利程度，从图 5－2 中我们可以得出榆林市在拥有高于延安市 GDP 总量的前提下，人均 GDP 也比延安市要高，特别是从 2010 年开始，人均 GDP 高于延安市的差额明显增大。

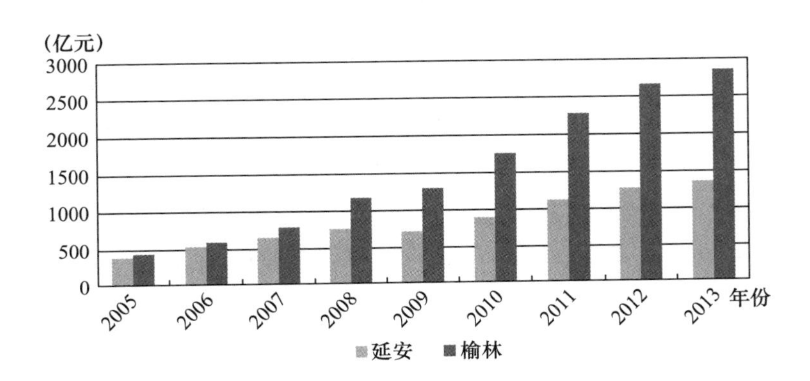

图 5－1　2005—2013 年榆林与延安市 GDP 总量

资料来源：《陕西统计年鉴》。

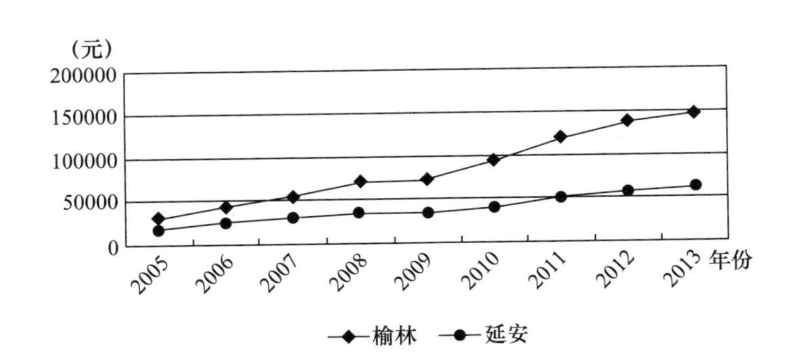

图 5－2　2005—2013 年榆林市与延安市人均 GDP

资料来源：《陕西统计年鉴》。

从图 5－1 和图 5－2 中可以看出，陕北榆林市和延安市的经济发展从 2005 年以来，一直处于高速增长的状态。由于丰富的能源和矿产资源，陕北地区已被列入全国重点发展地区之一，但就目前经济水平来说，总体上呈现出一种不平衡状态，贫富两极差距在明显增大。有没有煤炭、石油等资源，被认为是形成陕北县域发展差距的关键因素。

下面我们就从资源开采的角度，明确地说明矿产资源对经济的贡献程度。

由图5－3中可以看出，资源开采业对榆林市和延安市经济发展的促进作用，延安市的资源开采业在2010年以前对GDP的贡献基本维持不变，大约在20%，在2010年达到顶峰，大约占总体经济发展的50%，之后有回落的趋势，但总体上来说，延安市经济的发展力量大约有1/5来自资源开采业。虽然榆林市的资源开采业也比较发达，但总体上比延安市要弱。在2007年，榆林市的资源开采业对经济的发展达到峰值，大约占GDP总量的一半，虽然总体上不稳定，但大都维持在10%—20%。然而，榆林市存在南北经济失衡的问题，在榆林，有"南六县"和"北六县"之说，"北六县"代表的是富裕，包括神木、府谷、定边、靖边、衡山五个县和榆阳区；"南六县"代表的是贫穷，包括绥德、米脂、佳县、吴堡、清涧和子洲六个县。南北六县除了地理上的划分，更大程度上是经济发展水平差异的体现。2010年南部六县生产总值只有140.61亿元，仅占全市的8%；地方财政收入总和为1083亿元，仅占全市的1.46%；南部六县的农民人均纯收入为4572元，比北部六县平均水平低2454元。

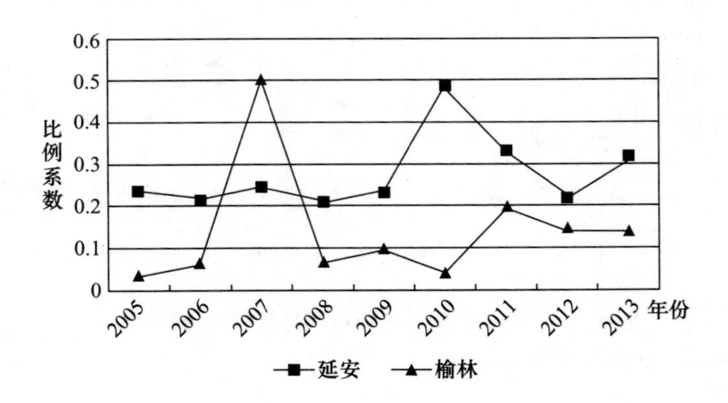

图5－3　2005—2013年榆林市与延安市资源开采业占GDP比重

资料来源：《陕西统计年鉴》。

正如西安交通大学经济与金融学院副院长孙早对媒体表示："最强的县在陕北，实际上就是过分依赖了煤、气、石油这些资源，依赖天然资源的禀赋得到了很快的发展。”由此我们可以看出县域经济的发展不平衡带来地区市的经济发展差异。

产业结构是影响经济发展的重要原因，也是影响榆林市和延安市的国内生产总值差距的原因之一。世界各国把产业主要分为三类，即第一产业、第二产业和第三产业。第一产业主要是指农、林、牧、渔等可以直接利用自然资源进行生产的部门和机构。第二产业主要是指加工产业，利用基本的生产资料进行产品的制造与生产。工业是第二产业的主要组成部分，可以分为轻工业和重工业。第三产业主要是指服务业，还包括交通运输业、金融业、房地产业等。产业结构就是指各个产业之间的联系以及在经济发展中的比例关系。下面我们主要介绍工业和服务业在榆林市和延安市国内生产总值中的比重，可以通过分析工业和服务业对陕北经济的贡献程度得出经济增速的主要原因。图 5－4 主要反映了榆林市和延安市 2005—2013 年工业和服务业占 GDP 比重的变化趋势。

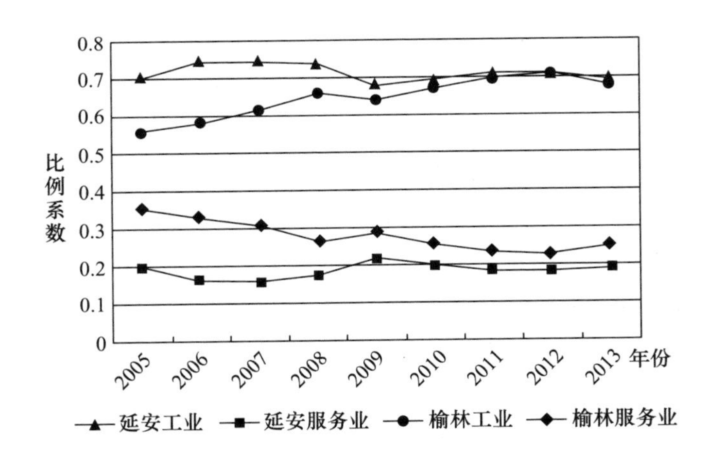

图 5－4　2005—2013 年榆林市与延安市工业与服务业占 GDP 比重

资料来源：《陕西统计年鉴》。

从图 5－4 中可以看出，服务业和工业对 GDP 的作用是此消彼长的。延安市的工业占 GDP 的比重，截止到 2009 年是呈现出先涨后降的趋势，在 2009 年以后，工业占 GDP 的比重每年几乎维持相同的比例，变化不大。与此同时，在 2009 年之前服务业占 GDP 的比例是先出现轻微的递减然后慢慢地递增，在2009年之后，服务业占GDP的比重每年几乎维持不变。榆林市的工业占GDP的比重在2008年之前是递增的，2009年出现递减的趋势，之后大多维持缓慢的递增的态势。而榆林市的服务业占GDP的比重在2008年之前是逐渐递减的，2009年出现会回升，之后大约呈现出缓慢递减的趋势。通过以上分析，我们可以看出，工业和服务业在GDP中的比重呈现相反的趋势，如某年的工业占GDP的比例大，服务业占GDP的比重就会变小。因而，榆林市和延安市的产业结构在工业和服务业之间是相互协调的，两者的共同作用促进了陕北两市经济的快速发展。

通过以上分析我们得出，陕北榆林市和延安市经济增速的原因既来源于其天然的自然条件，即丰富的煤、石油和天然气等矿产资源，也依赖于合理的产业结构，即工业和服务业在经济发展中协调的比例关系。虽然这些原因从总体上促进了榆林市和延安市的经济发展，但不足以说明陕北两市利用资源配置资源的效率。而经济的发展不只是利用好资源，更重要的是使资源能够更好地为发展经济服务，从而造福子孙后代。下面我们从单位GDP电耗和单位GDP能耗的角度，说明陕北两市的能源利用程度。

单位GDP能耗是指每生产一万元国内生产总值所消耗掉的能源（包括电力），把各种能源折合成标准煤除以GDP计算而成的。单位GDP电耗只把电力折算成标准煤后除以GDP计算得出的数据，它主要用来反映电力的消耗情况。单位GDP能耗主要用来反映能源消费构成、经济增长方式和产业结构的形成原因等因素。表5－2和图5－5分别介绍了2005年到2013年榆林市和延安市的单位GDP电耗和单位GDP能耗的变化情况。

从表5－2中可以看出，2005—2013年榆林市的单位GDP电耗明显大于延安市，对延安市来说，除2009年有明显的增幅以外，其他各年的单位GDP电耗的变化不大。从榆林市的角度看，单位GDP电耗每年都高于延安市，在2010年之前，单位GDP电耗都在1000千瓦时/万元以上，2010年以后出现明显的下降。促使单位GDP电耗增长的原因有三个：一是能源的消费结构在发生变化；二是居民用电量大幅提高；三是消耗电量极高的生产型企业增多。

表 5－2　　2005—2013 年榆林市与延安市单位 GDP 电耗

单位：千瓦时/万元

年份＼地区	延安市	榆林市
2005	568.39	1570.62
2006	567.81	1650.89
2007	560.54	1730.61
2008	547.07	1443.75
2009	636.82	1172.12
2010	515.65	732.16
2011	529.88	798.88
2012	546.57	817.06
2013	568.86	786.99

资料来源：《陕西统计年鉴》。

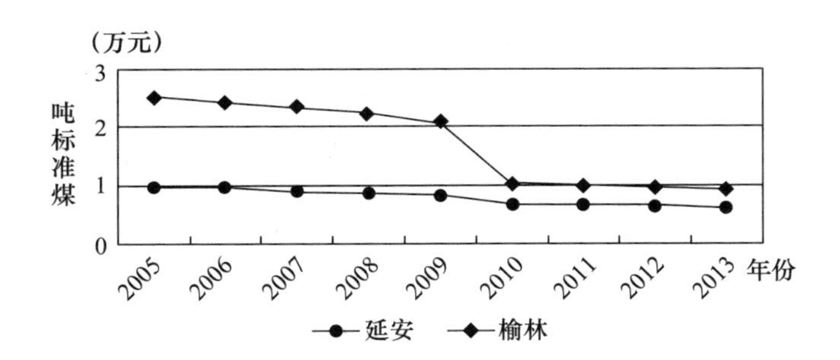

图 5－5　2005—2013 年榆林市与延安市单位 GDP 能耗

资料来源：《陕西统计年鉴》。

从图 5－5 中我们可以看出，榆林市的单位 GDP 能耗从 2005 年至 2009 年一直高于延安市，这其中的原因之一应该是由榆林市较高的单位 GDP 电耗造成的。榆林市在 2009 年之前单位 GDP 能耗是逐渐递减的，说明该市的能源利用效率逐年提高，2009 年至 2010 年之间出现高速下滑，2010 年之后大致维持平稳的单位 GDP 能耗量，而延安市的单位 GDP 能耗从 2005 年到 2013 年一直呈现出缓慢递减的趋势。榆林市和延安市的单位 GDP 能耗出现逐年递减的情况，说明这两个城市的能源利用率逐年得到提高和改进，对能源的利用程度提高，但总体程度不容乐观，在许多方面仍然需要改善和提升。

通过我们对榆林市和延安市整体经济发展的描述，我们可以得出，虽然作为陕西省能源和矿产资源比较丰富的地区，它有利的天然条件在促进经济增长的同时，能源资源的利用效率程度也堪忧。在经济全球化的今天，世界资源和信息共享的同时，环境情况也成为世界各国共享的一个主要成果。虽然总体而言，陕北地区在经济方面对全省的贡献是巨大的，它是陕西的重要经济发展地区，为陕西的经济发展提供重要的支撑，是促进陕西经济发展的一个重要角色。但在全球追求绿色经济发展的 21 世纪，保护环境、合理利用资源已成为各国的共识。为响应社会的号召，陕北两市作为资源富集区，提高资源能源的利用效率是改善环境发展经济的必要措施，因而推进生态文明建设是明智之举。

生态文明的经济建设是指在生态文明观的指导下，不断扩大经济总量、优化经济结构、提高经济发展质量、增加人均收入等经济活动过程。从生态文明的经济建设角度看，当前的主要任务是加快生态产业建设的步伐。生态产业是以生态经济原理为基础，按现代经济发展规律组织起来的基于生态系统承载力、具有高效的经济过程及和谐的生态功能的网络型、进化型、复合型产业。与此同时，面对资源枯竭的一大问题，生态文明的经济建设要求我们大力发展低碳经济和建立循环经济体系。同时，要优化国土空间开发格局，建设生态农业、生态工业、生态服务业，大幅度提高经济增长的质量和效益。

第四节　资源富集区的社会状况

社会状况是描述一个地区的经济发展态势，衡量地区经济增长速度以及人们生活福利水平的重要方面。民为邦本，本固邦宁。改善人们生活水平，提高人们生活质量，给人们的物质和精神生活营造一个舒适的环境，已成为社会各界的共识。近年来，我国加大了对教育、医疗卫生和社会保障的投入。增加了对人们的住房补贴，大力推行保障性住房政策，由此廉租房建设在全国各大城市铺展开来。并且健全了城乡居民的最低生活保障制度，满足人们的基本生活需求，提高城乡居民的生活条件。与此同时，还大力推进教育文化事业的发展，实行全面的免费义务教育，降低人们的教育成本，提高人们的受教育水平。为解决人们看病难医病贵的问题，建立了新型农村合作医疗和城镇居民基本医疗保险制度。为了促进就业减少失业维护社会的和谐稳定，大力扶持大学生创业，以及向城镇转移乡村富余劳动力。这些措施在一定程度上，响应了政府的经济发展成果惠及人人的号召，使人民共享社会进步发展带来的福利。

自古以来，西部地区恶劣的自然条件，使其经济发展水平远低于东部和沿海地区。2000 年开始，中央政府实施西部大开发战略，目的是把东部沿海地区剩余的经济发展能力转移到西部地区，促进西部各省市的经济良好发展。目前，西部大开发战略的根本目的是改善民生。实施积极的就业政策，健全人力市场的发展，扩大就业的渠道，进一步完善就业制度，不断扩大就业规模，并深化医疗卫生制度的改革，加大公共卫生体系的建设，大力促进基本文化工程的发展，提高人们精神生活的水平，这些制度是保障和改善西部地区生活水平的重要措施。在西部地区中，西北地区的贫困程度更加突出，西北地区位于中国内地的中部，在大兴安岭以西，昆仑山—阿尔金山—祁连山和长城以北，地形以高原、盆地和山地为主。由于其复杂的地理环境以及干旱和半干旱的地区状况，致使这里的人口状况分布极度不均匀。在缺水的大面积沙漠、戈壁以及海拔 4000 米以上的高原地区，有极少的人居住。而在沿河流域水资源丰富的地方，如新疆绿洲和甘肃的河谷平原等，都有大量的人在那里居住，因此这些地方就是人口高度集中的地区。而且，广袤的西北地区是多民族的汇聚地，有蒙古族、回族、维吾尔族和哈萨克族等少数民族。因此处理好各民族之间的关系，实现多元民族文化的共生，加强各民族之间的团结是重中之重。

中国的西部地区资源含量丰富，但开采利用率低，人均资源占有量还有很大需要改进的空间。如何更好地合理利用西部地区的资源，也是我国实现经济社会平稳发展的重要一步。中国西部人口的总数约为 3.8 亿，占全国人口总数的 29% 左右。为了更好地描述西部地区的经济发展程度，准确地衡量人们的生活福利水平，因此，我们主要以资源富集区陕北两市为例，选取如人口总数、人均供暖面积、人均住房面积、人均教育固定投资经费等指标进行描述。

根据马斯洛的需求层次理论，人只有在满足了基本的生活需求后，才能追求更高层次的人生价值。因此，保障人们的基本生活水平，是经济社会发展的基石。下面我们主要以陕北两市在保障人们住房方面和供暖面积方面进行描述。人均住房面积指每人能够分得的以户（套）为单位的住房的实际空间面积。人均供暖面积是指每人能够得到的实际的供热面积。目前，随着中国经济的快速发展，我国城镇居民的人均住房面积达到23.7平方米，农村居民的人均住房面积达到27.2平方米，已经达到世界中高收入水平的国家。

从表5－3我们可以看出，延安市和榆林市的人均住房面积除2006年有轻微的下降以外，从2007年开始呈现出逐年增长的趋势。在2010年，榆林市和延安市的人均住房面积分别超过国家人均住房面积的标准。由此可见，陕北两市在保障人们的基本生活方面，住房问题基本已得到解决。从表5－4中可以看出，榆林市的人均供暖面积明显大于延安市的供暖面积，但总体上来说，两市的人均供暖面积基本上都满足了人们的生活需求。

表5－3　　2005—2013年榆林市与延安市人均住房面积　　单位：平方米

年份	延安市	榆林市
2005	20.03	20.03
2006	19.1	19.1
2007	20.1	20.1
2008	21.0	21.0
2009	22.9	22.9
2010	24.1	24.1
2011	26.4	26.4
2012	27.8	27.8
2013	28.3	28.3

资料来源：《陕西统计年鉴》。

表 5－4　　2005—2013 年榆林市与延安市人均供暖面积　　单位：平方米

年份	延安市	榆林市
2005	2. 63	2. 45
2006	1. 10	2. 45
2007	1. 22	2. 45
2008	1. 30	2. 62
2009	1. 44	2. 44
2010	1. 50	2. 41
2011	1. 73	2. 37
2012	1. 74	2. 35
2013	1. 75	2. 33

资料来源：《陕西统计年鉴》。

从以上两个方面我们得知，陕北榆林市和延安市在保障人们住房方面已经做出了努力。下面我们从医疗方面来介绍陕北两市的基本情况。人体健康经济损失指的是因为环境污染使人们的健康恶化，从而给经济发展带来的负效应，也就是说人体健康损失程度越大，经济的发展就越受到不利影响。

从表 5－5 中可以看出，居民的健康程度是一个不容忽视的问题，它的负面效应在降低个人生活水平的同时，也对社会经济的发展产生了不利的影响。表中总体反映出榆林市的人体健康损失占 GDP 的比重要大于延安市，因此榆林市的环境污染状况要相对严重一些。从表 5－6 中可以看出，榆林市和延安市在保障人们就医便利方面的措施是值得肯定的，每千人医疗机构床位数于 2013 年分别达到了 4. 45 张和 4. 66 张，这个数字从一定程度上表现出当地解决了居民看病难的问题。

表 5－5　2005—2013 年榆林市与延安市人体健康损失占 GDP 比重　单位：%

年份	延安市	榆林市
2005	0. 88	1. 04
2006	0. 89	1. 08
2007	0. 87	1. 08
2008	0. 84	1. 03

续表

年份	延安市	榆林市
2009	0.71	0.99
2010	0.79	0.86
2011	0.76	0.84
2012	0.74	0.92
2013	0.75	0.93

资料来源：GDP 数据来自《陕西统计年鉴》，人体健康经济损失数据来自课题研究。

表 5－6　2005—2013 年榆林市与延安市每千人医疗机构床位　单位：张

年份	延安市	榆林市
2005	3.03	2.24
2006	3.19	2.32
2007	3.27	2.66
2008	3.32	3.22
2009	3.42	3.21
2010	3.70	3.60
2011	3.85	3.88
2012	4.30	4.21
2013	4.66	4.45

资料来源：《陕西统计年鉴》。

通过以上分析我们可以看出，陕北两市在保障和改善人们基本生活方面的举措，已经初显成效，经济的发展在给人们带来丰裕的物质生活的同时，人们的身心健康也受到了关注。然而，在世界经济一体化的21 世纪，一个社会要想取得长久发展，需要依靠人才的力量。因而提高人们受教育水平，提升社会的整体素养，才能给人们创造一个温馨和谐的生活氛围。下面我们将针对陕北两市的人均教育固定投资经费展开具体阐述。

表5-7　2005—2013年榆林市与延安市人均教育固定投资经费　单位：元

年份	延安市	榆林市
2005	188.21	115.50
2006	187.41	189.97
2007	190.80	195.54
2008	199.97	203.84
2009	187.09	209.58
2010	187.60	211.19
2011	196.25	216.02
2012	215.68	224.85
2013	220.27	230.23

资料来源：《陕西统计年鉴》。

从表5-7中我们可以看出，近几年来，延安和榆林两市在人均教育固定投资经费上的投资虽然出现波动，但大体上来说人们的教育水平变化不大。教育乃国家和人民之根本，教育能够启迪人们的心智，传承文化素养，能够让人们认识自我、发现自我、提高自我。

综上所述，经济社会的平稳发展，既需要社会和谐的支持，也需要依赖其他各个方面的支撑。榆林市和延安市的社会领域的发展，不仅能够为人民造福，而且也是实现经济社会协调发展的重要组成部分。社会通过给人们提供一个良好的居住环境，解决他们切实的生活问题，促使人人有家可依，并且享受平等的受教育的机会和基本的医疗保障，这些措施像一股暖流深入人心。温暖的力量是强大的，能够让人们自觉地维护社会秩序，做一个遵纪守法的公民，为经济社会的发展贡献自己的一分力量。

第五节　资源富集区的生态环境状况

进入21世纪以来，虽然科学技术的迅猛发展加快了我国经济的增长，但紧接而来的环境日益恶化的问题、资源短缺的态势已经严峻地摆在我们面前，水污染、大气污染和固体废弃物污染等环境污染的问题尤其突出。

目前我国的水土流失问题严重，占国土面积的20%左右，土地沙漠化、戈壁化已接近150万平方千米，森林资源大幅锐减，草原退化面积超过10亿亩。水污染问题也日益突出，大约有60%的城市用水遭到不同程度的污染。大气污染特别是煤烟型污染严重，其燃烧生成的粉尘和二氧化碳是造成污染的主要原因。因此，我国的生态破坏和污染问题已十分严峻。

西部地区作为经济相对落后的区域，由于其特殊的身居内陆的地理位置，使水土流失、土地荒漠化、草原退化等生态环境问题比较突出，加上其天然的“三原四盆”的地势条件，自然灾害也时常发生，陡坡种粮和毁林毁草的粗放式经营方式也是造成西部环境恶化的主要原因。而西北地区复杂的地形和干旱、半干旱的气候条件，降雨量的稀少，使水资源短缺的问题更加突出。水土流失面积大约有25万多平方千米，土地荒漠化大约占全国土地面积的16%，大气污染、固体废弃物污染局势也十分严峻。陕西省作为西北地区主要的省份，生态环境也比较脆弱，由于处在黄土高原的腹地之内，水土流失面积约占总土地面积的一半以上，沙质荒漠化的扩张也比较迅速，水污染问题严重。陕北作为陕西省主要的经济发展区和资源富集区，开采自然资源的同时，植被也被严重破坏，水土流失和污染问题严重，因此为了具体地描述陕北地区的生态环境状况，我们选取了园林绿化面积、环境投资占GDP比重、水污染损失占比、大气污染损失占比、固体废弃物损失占比和环境污染损失占GDP比重六个指标来详细说明。

陕北地区为了维持良好的生态环境，使人们能够生活在一个空气清新、环境优美、生态和谐的居住环境中，加大了对园林绿化的投资。园林绿化最突出的特点是生态化，坚持以人为本的原则，实现经济社会的可持续发展。图5－6具体介绍陕北两市2005—2013年的园林绿化面积。

从图5－6中可以看出，榆林市和延安市的园林绿化面积从2005年开始一直保持递增的趋势。因此我们可以得出陕北两市对环境治理的重视程度，比较注重城市生态化的建设。这样的举措很好地契合了我们党在十八大中提出的生态文明建设的主题，园林绿化不仅优美了我们生存的家园，也是实现美丽“中国梦”的重要一步。美丽的居住环境并不是一个梦幻的伊甸园，也并不代表环境污染的问题不再存在，而现实的情况是，尽管榆林市和延安市在逐年扩大园林的绿地面积，但是环境污染特别是水污染、大气污染等问题依然很严峻，在破坏自然环境的同时，也对经济的发展带来巨大的影响。

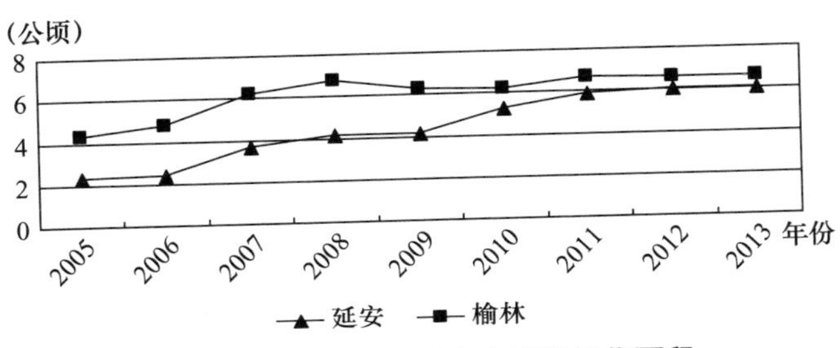

图 5-6　榆林市和延安市园林绿化面积

资料来源：《陕西统计年鉴》。

水污染损失、大气污染损失、固体废弃物损失占 GDP 比重指的是以上三种污染所造成的损失经技术方法进行经济评价后占 GDP 的比重。表 5-8 和表 5-9 列出了榆林市和延安市从 2005 年到 2013 年这四个指标的具体情况。

表 5-8　延安市水污染经济损失、大气污染经济损失、固体废弃物污染经济损失及环境污染总损失占 GDP 比重

单位：%

年份	水污染损失占比	大气污染损失占比	固体废弃物损失占比	环境污染损失占比
2005	1.75	0.27	0.15	4.65
2006	1.99	0.15	0.13	4.63
2007	1.09	0.15	0.14	3.66
2008	1.17	0.13	0.14	3.79
2009	1.30	0.13	0.15	4.12
2010	1.26	0.12	0.21	4.01
2011	0.76	0.11	0.22	3.29
2012	0.74	0.10	0.24	3.08
2013	2.14	0.31	0.16	2.97

资料来源：GDP 数据来自《陕西统计年鉴》，人体健康经济损失数据来自课题研究。

表 5 - 9　榆林市水污染经济损失、大气污染经济损失、固体废弃物污染经济损失及环境污染总损失占 GDP 比重

单位:%

年份	水污染损失占比	大气污染损失占比	固体废弃物损失占比	环境污染损失占比
2005	3. 38	2. 61	0. 81	10. 65
2006	4. 60	2. 39	0. 96	11. 62
2007	2. 34	2. 11	1. 03	9. 78
2008	1. 83	1. 61	0. 76	7. 96
2009	1. 79	1. 70	0. 77	7. 88
2010	1. 51	1. 24	0. 73	6. 44
2011	1. 41	1. 09	0. 64	5. 90
2012	2. 65	0. 96	0. 72	7. 05
2013	5. 33	3. 36	0. 73	5. 27

资料来源：GDP 数据来自《陕西统计年鉴》，人体健康经济损失数据来自课题研究。

从表 5 - 8 中可以看出，延安市的水污染经济损失总体上呈现出不稳定特征。从 2011 年开始，延安市的水污染对经济造成的损失下降的速度快，但 2013 年又有所回升。大气污染对经济造成的负面影响从 2005 年开始到 2012 年一直处于减弱的趋势，但 2013 年出现了近九年来最高的比例。固体废弃物给经济增长带来的损失在 2010 年以前大约维持平稳的水平，但 2010 年开始有所增长，2013 年则出现下降的情况。环境污染损失占 GDP 的比重每年的差距不大，有增有减但幅度变化小。通过该表我们可以看出，环境污染给经济带来的伤害主要是由水污染、大气污染和固体废弃物造成的。因而，加大对水污染、大气污染和固体废弃物污染的治理力度，是保护环境发展经济的必要措施。

从表 5 - 9 中可以看出，总体而言，榆林市的环境污染相对延安来说要更为严重。环境污染最突出的问题是水污染严重，几乎占环境污染比重的 1/3，因此治理污水增加对排污设施的投资是解决榆林市环境污染的主要途径之一。相比水污染问题，榆林市的固体废弃物污染给经济带来的损失要小得多，但比例小不代表问题可以被忽略，因为积少成多会让原本简单的问题变得复杂，所以整治固体废弃物污染也是保持经济平稳快速增长应该考虑的。大气污染对经济的影响处于两者之间，良好的空气环境是人们生活的必需品，为了保持人们的身心健康，榆林市加大对气体污染的治理是必要之举。

以上数据显示了环境污染对地区经济的负面影响，加大对环境治理的投资才能从源头上解决污染问题，表5－10列举出陕北榆林市和延安市对环境治理投资的力度。

表5－10　　榆林市和延安市环境投资占GDP的比重　　单位：%

年份	延安市	榆林市
2005	0.77	6.80
2006	1.28	1.84
2007	1.49	1.97
2008	2.59	2.73
2009	4.86	3.75
2010	3.26	1.84
2011	2.23	1.49
2012	5.31	1.19
2013	9.61	1.58

资料来源：《陕西统计年鉴》。

表5－10表明，榆林市和延安市对环境的投资稳中有升，特别是延安市在2013年对环境的投资接近GDP总量的10%。通过表5－10的数据，我们能够看出，陕北两市已经充分意识到环保的重要性，在发展经济的同时也注意加强保护环境的措施。

能源的有效利用不仅关系到当代人的生产与生活，也影响子孙后代的发展。中国是一个人口大国，截至2013年年底，我国人口总量约占世界总人口的19%，美国人口占世界人口的比例不到5%，消耗世界25%的能源，如果按照这个标准来算，意味着中国要把全世界的能源都拿来消耗才能达到，这显然是不符合常理的。

面对资源紧缺和环境污染的问题，大力推进生态文明制度建设是治标又治本的方法，生态文明讲求的人与自然和谐共生的概念，能够有助于当前的经济发展以及长远的社会利益。生态文明建设旨在为人们创造一个发展平衡、生活和谐、环境优美的环境，而且节约型社会和环境友好型社会的提出为人们共享青山绿水和蓝天白云做了铺垫。

第六章　生态文明建设评价技术工具研究

第一节　指数与综合指数法

指数与综合指数法是生态环境现状评价中较常用的一种方法，相对比较简单。对于生态环境质量评价中的单因素评价和多因素评价，指数与综合指数法均适用，可以对不同区域、不同时间的数据进行纵向和横向比较及分析。这个方法突出了生态环境质量评价的综合性、客观性、层次性和可比性，是目前最常用的评价方法之一。在使用此方法之前，必须确立合适的指标体系以及评价标准，而且所选择的指标必须具有可比性。同时，这个方法也有不足之处，那就是赋权值的难度较大，对问题的描述仍然停留在静态上。

指数与综合指数法的数学模型为：

$$F_i = \frac{X_i - X_{min}}{X_{max} - X_{min}}$$

其中，F_i 为因素作用值，X_i、X_{max}、X_{min}分别为评价因素的指标值、最大值、最小值。

$$P_i = \sum_{j=1}^{n} F_{ij} W_j$$

其中，P_i 为 i 因素的综合评价值，F_{ij}为 j 因子对 i 因素的作用值，W_j 为 j 因子的权重，n 为 i 因素中包含的因子数。

$$P = \sum_{i=1}^{m} P_i W_i$$

其中，P 为综合评价值，W_i 为 i 因素的权重，m 为总的因素个数。

实际上，j 因子可以看作是比 i 因素低一级的指标，i 是二级指标，j

就是三级指标，得到的结果 P 就是最终需要进行比较分析的综合性指标。

指数与综合指数法旨在对不同的指标数据进行比较分析，算法比较简单，易于理解，便于操作，是生态环境状况指标分析最常用的方法之一。

第二节　相对差距和法

相对差距和法是学者们根据相对误差的思想和原理而建立起来的一种多指标综合评价方法。利用赋权值之后的各项指标与该组指标最优值（或最差值）之间的相对距离之和来对每一项指标进行排序，结果越小，则说明该项指标距离最优值（或最差值）越近，从而对指标进行进一步的分析判断。

相对差距和法的理论原理如下：

设有 m 项被评价的对象，有 n 个评价指标，则评价对象的指标数据库为：

$H_j = H_{1j},\ H_{2j},\ \cdots,\ H_{nj}(j=1,\ 2,\ \cdots,\ m)$

设最优数据单元为 $H_0=(H_1,\ H_2,\ \cdots,\ H_n)$，最优单元中的数据确定方法如下：对于高优指标，$H_{i0}=\max\{H_{i1},\ H_{i2},\ \cdots,\ H_{im}\}(i=1,\ 2,\ \cdots,\ n)$，即所有 m 个单位中第 i 个评价指标的最大值；对于低优指标，$H_{i0}=\min\{H_{i1},\ H_{i2},\ \cdots,\ H_{im}\}(i=1,\ 2,\ \cdots,\ n)$，即所有 m 个单位中第 i 个评价指标的最小值。各单元与最优单元的加权相对差距和为：

$$D = \sum_{j=1}^{m} \frac{W_i \mid H_{i0} - H_{ij} \mid}{2M_i} \quad (i = 1,2,\cdots,n)$$

其中，W_i 为第 i 项评价指标的权数，M_i 为所有单元的第 i 项评价指标数值的中位数。根据 D 值的大小对各单元进行排序，得到的 D 值越小，该单元越接近最优单元。

相对差距和法的原理简单，计算简便，直观易懂，是所有分析方法中难度较小的一种方法，应用十分广泛。

第三节　TOPSIS 法

TOPSIS（Technique for Order Preference by Similarity to an Ideal Solution）法是 C. L. Hwang 和 K. Yoon 于 1981 年首次提出的。顾名思义，TOPSIS 法是一种逼近于理想点的排序方法。该方法的优点在于原理简单，计算简便且应用性强。

TOPSIS 法的原理大致可以表述为：根据归一化后的原始数据矩阵，找出有限个方案中的最优方案和最劣方案（即正理想解、负理想解），通过计算某一方案与最优方案的距离，得到该方案与最优方案的接近程度，从而对所有可行评价方案进行排序。该方法的步骤如下：确定评价指标→建立目标决策矩阵→归一化处理目标决策矩阵得到规范化决策矩阵→确定各指标的权重，构造规范化加权矩阵→确定最优值和最劣值→计算各评价方案与最优值的相对接近程度→排序。

TOPSIS 法的具体运算步骤为：

（1）构造目标决策矩阵。

设有 n 个评价指标与 m 个方案构成的评价指标集，每个评价指标对 m 个方案的决策可用指标量表示，进而可以构造目标决策矩阵 X，其中 x_{ij} 为第 i 个方案的第 j 个评价指标的指标量。

$$X=\begin{bmatrix} x_{11} & x_{12} & \cdots & x_{1n} \\ x_{21} & x_{22} & \cdots & x_{2n} \\ \vdots & \vdots & & \vdots \\ x_{m1} & x_{m2} & \cdots & x_{mn} \end{bmatrix} \quad (i=1,\ 2,\ \cdots,\ m;\ j=1,\ 2,\ \cdots,\ n)$$

原始数据矩阵 X 中的各项指标可能有量纲不同，为了消除量纲不同对评价方案造成的影响，需要对目标决策矩阵进行归一化处理。这里采用向量规范化法：

$$X^*=\begin{bmatrix} x_{11}^* & x_{12}^* & \cdots & x_{1n}^* \\ x_{21}^* & x_{22}^* & \cdots & x_{2n}^* \\ \vdots & \vdots & & \vdots \\ x_{m1}^* & x_{m2}^* & \cdots & x_{mn}^* \end{bmatrix} \quad (i=1,\ 2,\ \cdots,\ m;\ j=1,\ 2,\ \cdots,\ n)$$

其中，$x_{ij}^{*}=\dfrac{x_{ij}}{\sqrt{\sum_{i=1}^{m}x_{ij}^{2}}}$，$(i=1,2,\cdots,m;j=1,2,\cdots,n)$。分母中的 $\sum_{i=1}^{m}x_{ij}^{2}$ 表示规范化后的决策目标矩阵中的列元素的平方和。

（2）确定各评价指标权重并构造规范化加权矩阵。

假设 w_j 为指标 j 的权重，根据各指标权重，计算各评价指标的加权评价值 y_{ij}。这里的 $y_{ij}=w_j\cdot x_{ij}^{*}$（$i=1,2,\cdots,m$；$j=1,2,\cdots,n$）。

$$Y=\begin{bmatrix} y_{11} & y_{12} & \cdots & y_{1n} \\ y_{21} & y_{22} & \cdots & y_{2n} \\ \vdots & \vdots & & \vdots \\ y_{m1} & y_{m2} & \cdots & y_{mn} \end{bmatrix}\quad (i=1,2,\cdots,m;\ j=1,2,\cdots,n)$$

（3）确定正理想解 A^{+} 和负理想解 A^{-}。

使用各指标加权评价值的最大值构成正理想解 A^{+}，以各指标加权评价值的最小值构成负理想解 A^{-}。分别表示最偏好的方案和最不偏好的方案，表示成：

$A^{+}=(y_1^{+},y_2^{+},\cdots,y_n^{+})$，$A^{-}=(y_1^{-},y_2^{-},\cdots,y_n^{-})$

其中，$y_j^{+}=\max\limits_{1<i<m}\{y_{ij}\}$，$y_j^{-}=\min\limits_{1<i<m}\{y_{ij}\}$。

（4）计算各方案分别与正理想解和负理想解的距离。

这里采用欧几里得距离计算各方案与正理想解和负理想解的距离。每个方案到正理想解的欧氏距离为 $d_i^{+}=\sqrt{\sum_{j=1}^{n}(y_{ij}-y_j^{+})^2}$，$(i=1,2,\cdots,m;j=1,2,\cdots,n)$。每个方案到负理想解的欧氏距离为 $d_i^{-}=\sqrt{\sum_{j=1}^{n}(y_{ij}-y_j^{-})^2}$，$(i=1,2,\cdots,m;j=1,2,\cdots,n)$。

（5）计算各方案与正理想解的相对贴近度 C_i^{+}。

$$C_i^{+}=\frac{d_i^{-}}{d_i^{+}+d_i^{-}}\quad (i=1,2,\cdots,m;\ j=1,2,\cdots,n)$$

显然，$0\leqslant C_i^{+}\leqslant 1$，当 $C_i^{+}\to 1$ 时，第 i 个评价方案最接近最优方案 A^{+}。

（6）按照 C_i^{+} 由大到小的顺序排列方案的优先次序。

第四节 人工神经网络法

人工神经网络法（Artificial Neural Network，ANN）是20世纪80年代以来人工智能领域兴起的研究热点。1943年，生理学家McCulloch与数学家Pitts将生物学上的神经元进行模型化，提出了世界历史上第一个人工神经元模型，标志着人工神经网络研究的开始。

人工神经网络是对生理学上人类大脑中的神经网络的功能、结构以及特性的某种理论上的抽象、简化和模拟而构成的一种信息系统。这种系统是由大量的神经元通过极度丰富、复杂和完善的相互连接而构成的非线性动态系统。人工神经网络最大的特点就是具有学习能力，跟人脑对新鲜事物的学习过程一样，它也具有自适应的能力。

神经元是信息的处理单元，是人工神经网络的基础单元。设有一个神经元 k，则神经元 k 的模型如下：

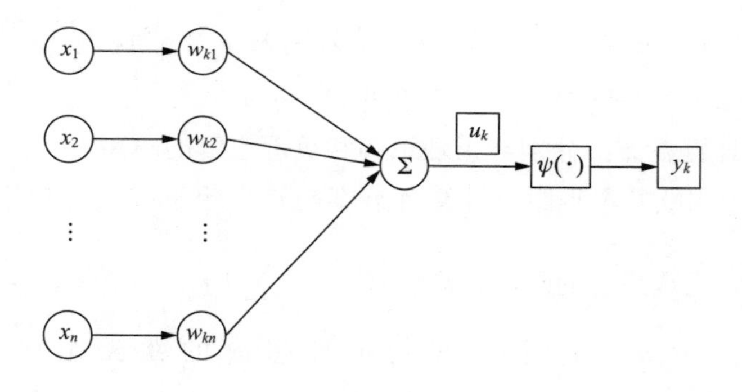

它包括以下三个基本要素：

（1）一组突触或者链接。设一组突触中包含 n 个基本单元，每个突触单元都具有一个权值 $w_{ki}(i=1, 2, \cdots, n)$，表示神经元 k 的第 i 个突触单元的权值，且第 i 个突触单元的输入信号 $x_i(i=1, 2, \cdots, n)$ 要乘以它的权值 $w_{ki}(i=1, 2, \cdots, n)$。人工神经元的权值既可以为正，也可以为负。

（2）一个加法器。用来计算人工神经元输入信号的加权和（Σ）。

（3）激励函数（也称为传递函数）。激励函数一般都是非线性的，通过激励函数可以得到输出信号 y_k，并且可以将 y_k 限定在一个有界的范围内（一般为［0，1］或者［-1，1］）。

在神经元 k 的模型中，有一个附加的偏差 b_k，它可以修正激励函数的输入。神经元的运算可以概括为：

$$u_k = \sum_{i=1}^{n} w_{ki} x_i$$

$$y_k = \varphi(u_k + b_k)$$

其中，x_1，x_2，…，x_n 为输入信号，n 是输入信号的维数，w_{k1}，w_{k2}，…，w_{kn} 是神经元 k 的突触权值，u_k 是输入信号的线性组合，b_k 是偏差，$\varphi(\cdot)$ 是激励函数，y_k 是输出信号。

考虑到偏差 b_k 是一个外部参数，可以将其修订进模型内部，从而将上述模型中的公式统一为：

$$v_k = \sum_{i=1}^{n} w_{ki} x_i$$

$$y_k = \varphi(v_k)$$

其中，$x_0 = 1$，$w_{k0} = b_k$。v_k 称为神经元的总输入，则新的模型变为：

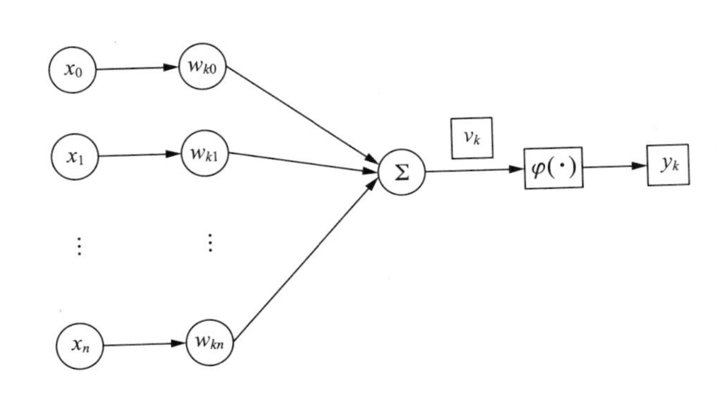

激励函数通常有以下三种基本形式：

（1）阈函数。

$$\varphi(v) = \begin{cases} 1, & v \geq 0 \\ 0, & v < 0 \end{cases}$$

采用此函数作为激励函数的神经元模型称为 M－P 模型。若 v 非负，则神经元输出为 1，否则为 0。这是 M－P 模型全有或全无的性质。

（2）分段线性函数。

$$\varphi(v)=\begin{cases}1, & v\geqslant 1\\ \frac{1}{2}(v+1), & -1<v<1\\ 0, & v\leqslant -1\end{cases}$$

（3）S 形函数。

“S”形函数的图像是“S”形的，它是构建人工神经网络时应用最多的一种激励函数，并且它是严格递增函数。“S”形函数的一个典型例子是 logistic 函数：

$$\varphi(v)=\frac{1}{1+\exp(-av)}$$

其中，a 是“S”形函数的斜率。当 a 接近无穷时，“S”形函数就变成了阈函数。此外，S 形函数也是可导的。

如上所述的神经元模型方框图描述复杂的信号输入输出过程较为烦琐，为了简化模型以便于研究，这里使用信号流图来描述上述过程。信号流图包括节点和节点之间的有向连接两部分，其中节点代表信号，节点之间的有向连接代表传递函数或者连接赋值，信号流图有三个原则：

（1）信号只沿着箭头的方向流动。神经元之间的连接分为两种连接方式，其中一种连接是突触连接，其运算是线性的，节点信号 x_i 乘以突触权值 w_{ki} 即得到节点信号 y_k，如图（a）所示；另一种连接是激励函数连接，其运算是非线性的，如图（b）所示，其中 $\varphi(\cdot)$ 是非线性激励函数。

（2）汇合节点信号等于全部节点信号的代数和，如图（c）所示。

（3）某一节点信号传递给不同分支的时候，其值保持不变，如图（d）所示。

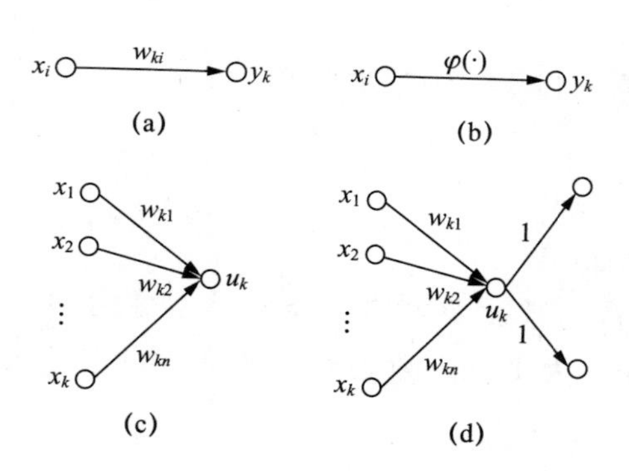

应用以上信号流图的三个原则，可以得到神经元模型的信号流图。

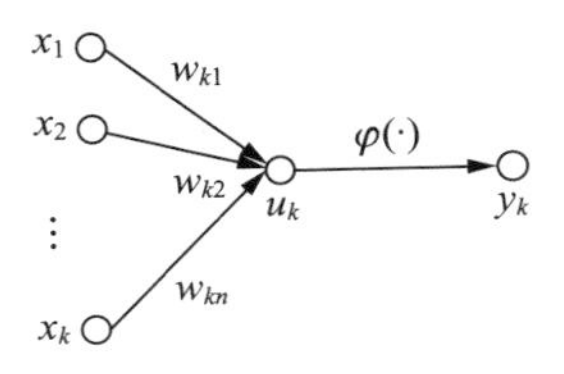

上面定义的有向图是完全的，因为它不仅仅描述了神经元之间的信号系统，而且还描述了神经元内部的信号流。

在实际应用中，往往需要多个神经元，这些众多的神经元是以层的形式组织起来的。设有一个具有 H 个神经元的神经元层，在这里我们记输入为 $X=(x_1, x_2, \cdots, x_n)^T$，$x_0=1$，第 $i(i=1, 2, \cdots, H)$ 个神经元和每一个输入节点相连接，其权值为 $w_{ij}(i=1, 2, \cdots, H; j=1, 2, \cdots, n)$，激励函数为 $f(\cdot)$，偏差 $b_i=w_{i0}$，输出为 y_i。记：

$$W=\begin{bmatrix} w_{10} & w_{11} & \cdots & w_{1n} \\ w_{20} & w_{21} & \cdots & w_{2n} \\ \vdots & \vdots & & \vdots \\ w_{H0} & w_{H1} & \cdots & w_{Hn} \end{bmatrix}$$

$F(B)=[f_1(\beta_1), f_2(\beta_2), \cdots, f_H(\beta_H)]^T$，$B=[\beta_1, \beta_2, \cdots, \beta_H]^T$，$Y=[y_1, y_2, \cdots, y_H]^T$

那么，这一层的数学公式可以记为 $Y=F(WX)$。其中同一层的神经元的激励函数 $f_1, f_2, \cdots, f_H$ 可以相同，也可以不同。

神经网络最主要的特点就是它的学习能力。神经网络可以依据规定的方法，多次学习，提高自身的性能。这种学习主要是通过调整连接权值和偏差来实现的。设计神经网络的学习算法是多种多样的，每一种算法都有其各自的优势，常用的学习算法有误差修正学习算法、Hebb 学习算法、竞争学习算法等。

（1）误差修正学习算法。

在误差修正学习算法中，神经元连接权值与误差信号神经元的输入信号之积呈正相关关系。

对于神经元 k，输入信号为 $X(m)$，输出信号为 $y_k(m)$，其中 m 表示神经元的学习次数。$t_k(m)$ 表示理想中要得到的输出信号，则产生

误差信号 $e_k(m)$。

$$e_k(m) = t_k(m) - y_k(m)$$

$e_k(m)$ 的作用是对神经元 k 的连接权值进行一系列的修正，使输出信号 $y_k(m)$ 越来越接近理想中的输出信号 $t_k(m)$。定义误差信号的性能指标为：

$$E(m) = \frac{1}{2}e_k^2(m)$$

对这个函数进行最小化处理，就能达到上述目标。由性能指标 $E(m)$ 最小化得出的学习规则我们称为 δ 规则。

令：

$$X(m) = [x_1(m), x_2(m), \cdots, x_n(m)]^T$$

$$W(m) = [w_{k1}(m), w_{k2}(m), \cdots, w_{kn}(m)]^T$$

其中，$W(m)$ 是第 m 次学习时的权值向量，则：

$$\Delta w_{kj}(m) = \lambda e_k(m) x_j(m) (j=1, 2, \cdots, n)$$

其中，λ 是正常数，它决定了学习过程中的学习速率，所以我们将 λ 称为学习速率参数。

计算连接权值的增加量之后，可以得到新的权值：

$$w_{kj}(m+1) = w_{kj}(m) + \Delta w_{kj}(m) (j=1, 2, \cdots, n)$$

以此类推，不断对连接权值进行修正，使最终的输出信号 $y_k(m)$ 无限接近理想输出信号 $t_k(m)$。

学习速率参数的选择决定了学习过程的稳定性和收敛性，因此，在实际问题中，λ 是误差修正算法的关键。

（2）Hebb 学习算法。

Hebb 学习算法是所有学习算法中最早出现且应用最为广泛的一种学习算法，它由神经心理学家 Hebb 在对生物神经细胞激活模式的模拟仿真基础上提出的。该算法遵循以下两个原则：

①若连接两边的神经元同时激活，则连接会增强；

②若连接两边的神经元不同时激活，则连接会减弱或消除。

神经元 k 的连接为 $w_{kj}(j=1, 2, \cdots, n)$，连接前的信号为 $x_j(j=1, 2, \cdots, n)$，连接后的信号为 $y_k(m)$，则其增加量可以写为：

$$\Delta w_{kj}(m) = F[y_k(m), x_j(m)] \quad (j=1, 2, \cdots, n)$$

其中，$F(\cdot, \cdot)$ 是连接前后信号的连接函数。

Hebb 学习算法的一般形式为：

$$\Delta w_{kj}(m)=\lambda y_k(m)x_j(m)\quad (j=1,\ 2,\ \cdots,\ n)$$

同误差修正算法的定义一样，λ 为学习速率参数，则新的权值变为：

$$w_{kj}(m+1)=w_{kj}(m)+\Delta w_{kj}(m)\quad (j=1,\ 2,\ \cdots,\ n)$$

（3）竞争学习算法。

在竞争学习时，网络中各输出单元会相互竞争，最终达到只有一个最激活的神经单元胜出，作为最终的输出单元，其信号为1，其他神经元的输出信号为0，记为：

$$y_k=\begin{cases}1, & v_k>v_j\quad j\neq k\\ 0, & \text{其他}\end{cases}\quad (j=1,\ 2,\ \cdots,\ n)$$

其中，v_k 表示神经元所有输入之和。

第五节 因子分析法

因子分析法（Factor Analysis，FA）是由心理学家 Charles Spearman 首先提出的。因子分析的目的就是用少数几个因子去描述许多指标或因素之间的联系，它的基本思想是通过对原始数据指标相关矩阵内部结构的分析研究，找出能控制所有指标的少数几个不可观测的公因子，这几个公因子是不相关的，每一个原始指标都可以表示成公因子的线性组合，以较少的公因子代替较多的指标来简化分析。根据变量之间相关性的大小，可以对变量进行分组，使同一组之中变量的相关性较高，不同组之中变量的相关性较低，进而可以根据公因子计算综合评价值。

因子分析模型描述如下：

（1）$X=(X_1,\ X_2,\ \cdots,\ X_p)^T$ 是可观测的随机向量，均值向量 $E(X)=0$，协方差阵 $COV(X)=\Sigma$，且协方差阵 Σ 与相关矩阵 R 相等。

（2）$F=(F_1,\ F_2,\ \cdots,\ F_m)^T(m\leqslant p)$ 是不可测的向量，均值向量 $E(F)=0$，协方差阵 $COV(F)=I$，即向量的各分量是相互独立的。

（3）$\varepsilon=(\varepsilon_1,\ \varepsilon_2,\ \cdots,\ \varepsilon_p)^T$ 与 F 相互独立，且 $E(\varepsilon)=0$，ε 的协方差阵 Σ 是对角阵，即各分量 ε_i 之间是相互独立的。

$X_i(i=1,\ 2,\ \cdots,\ p)$ 是 $F_1,\ F_2,\ \cdots,\ F_m$ 的线性函数，即 $F_i(i=1,$

2，…，m)对各指标的影响是线性的。则模型：

$$X_1 = a_{11}F_1 + a_{12}F_2 + \cdots + a_{1m}F_m + \varepsilon_1$$
$$X_2 = a_{21}F_1 + a_{22}F_2 + \cdots + a_{2m}F_m + \varepsilon_2$$
$$\vdots$$
$$X_p = a_{p1}F_1 + a_{p2}F_2 + \cdots + a_{pm}F_m + \varepsilon_p$$

称为因子分析模型，由于该模型是针对变量进行的，各因子又是正交的，所以也称为 R 型正交模型。

其矩阵形式为：

$$X = AF + \varepsilon$$

其中

$$A = \begin{bmatrix} a_{11} & a_{12} & \cdots & a_{1m} \\ a_{21} & a_{22} & \cdots & a_{2m} \\ \vdots & \vdots & & \vdots \\ a_{p1} & a_{p2} & \cdots & a_{pm} \end{bmatrix}$$

$X = (X_1, X_2, \cdots, X_p)^T$，$F = (F_1, F_2, \cdots, F_m)^T(m \leqslant p)$，$\varepsilon = (\varepsilon_1, \varepsilon_{,2}, \cdots, \varepsilon_p)^T$

这里，$F = (F_1, F_2, \cdots, F_m)^T$ 称为公共因子，$\varepsilon = (\varepsilon_1, \varepsilon_{,2}, \cdots, \varepsilon_p)^T$ 称为特殊因子，$A = (a_{ij})_{p \times m}$ 称为载荷矩阵，a_{ij} 称为第 j 个因子对第 i 个变量的载荷系数，反映了第 i 个变量在第 j 个因子上的重要性。a_{ij} 的绝对值越大（$|a_{ij}| < 1$），表明 X_i 与 F_j 的相依程度越大，或称公因子 F_j 对于变量 X_i 的载荷量越大。在模型中，特殊因子起着残差的作用。每个公因子假定至少对 2 个变量有贡献，否则它将是一个特殊因子。

因子分析法的原理流程见图 6－1。

根据因子分析法的流程，我们可以得到因子分析法的计算步骤：

（1）将原始数据标准化，使变量在数量级与量纲上得到统一。

（2）求标准化后数据的相关矩阵 R，其中 $R = (r_{ij})_{p \times p}$，这里的 $r_{ij} = \frac{1}{n}\sum_{a=1}^{n} X_{ai}F_{aj}$。

（3）求相关矩阵的特征值和特征向量，特征值记为 $\lambda_1 \geqslant \lambda_2 \geqslant \cdots \geqslant \lambda_p > 0$，特征向量记为：

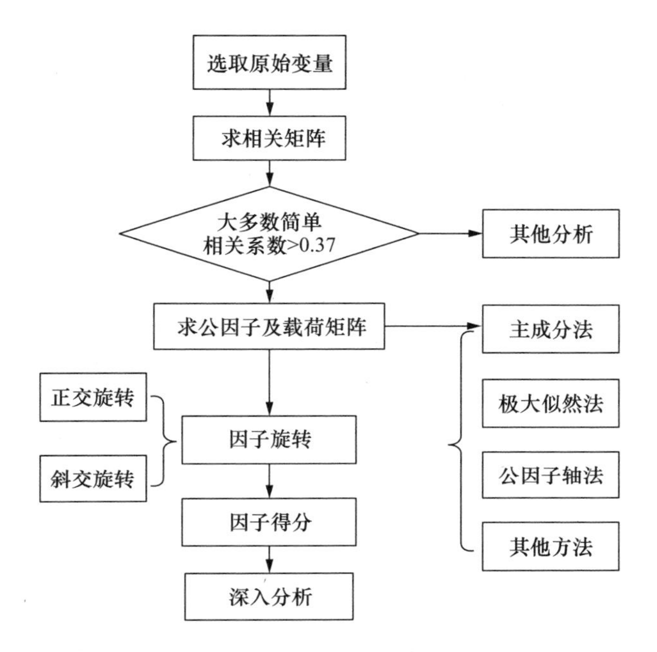

图 6－1　因子分析流程

$$U=(U_1,\ U_2,\ \cdots,\ U_p)=\begin{bmatrix} u_{11} & u_{12} & \cdots & u_{1p} \\ u_{21} & u_{22} & \cdots & u_{2p} \\ \vdots & \vdots & & \vdots \\ u_{p1} & u_{p2} & \cdots & u_{pp} \end{bmatrix}$$

根据前 m 个特征根及相应的特征向量可以求出因子载荷矩阵：

$$A=\begin{bmatrix} a_{11} & a_{12} & \cdots & a_{1m} \\ a_{21} & a_{22} & \cdots & a_{2m} \\ \vdots & \vdots & & \vdots \\ a_{p1} & a_{p2} & \cdots & a_{pm} \end{bmatrix}=\begin{bmatrix} u_{11}\sqrt{\lambda_1} & u_{12}\sqrt{\lambda_2} & \cdots & u_{1m}\sqrt{\lambda_m} \\ u_{21}\sqrt{\lambda_1} & u_{22}\sqrt{\lambda_2} & \cdots & u_{2m}\sqrt{\lambda_m} \\ \vdots & \vdots & & \vdots \\ u_{p1}\sqrt{\lambda_1} & u_{p2}\sqrt{\lambda_2} & \cdots & u_{pm}\sqrt{\lambda_m} \end{bmatrix}$$

（4）计算因素的方差贡献率和累计方差贡献率。

贡献率（%）＝某因素贡献量（增量或增长程度）/总贡献量（总增量或增长程度）×100%。

方差贡献率指方差的波动情况，累计方差贡献率指贡献率的波动情况的累计，这里可以表示成 $\sum_{i=1}^{m}\lambda_i \Big/ \sum_{i=1}^{p}\lambda_i$。

（5）确定因子。

设 X_1，X_2，…，X_p 为 p 个因子，其中前 m 个因子包含的数据信息总量（即其累计贡献率）不低于总因子所包含信息量的80%，即 $\sum_{i=1}^{m}\lambda_i \Big/ \sum_{i=1}^{p}\lambda_i \geqslant 80\%$，则可取前 m 个因子反映总的因子评价指标。

（6）对 A 进行因子旋转。

如果所得到的 m 个因子不能确定或者实际意义不显著，可以将因子进行旋转以确定每个因子的实际意义，以便对实际问题进行分析。因子旋转方法包括正交旋转（orthogonal rotation）和斜交旋转（oblique rotation）两类，最常用的方法是通过因子的最大方差进行正交旋转，即最大方差正交旋转法（Varimax）。进行因子旋转可以显著地使因子载荷矩阵中因子载荷的平方值向0和1两个方向分化，使大的载荷更大，小的载荷更小。

（7）使用原始指标的线性组合求各因子得分。

设公因子 F 由变量 X 表示的线性组合为：

$$F_j = u_{j1}X_{j1} + u_{j2}X_{j2} + \cdots + u_{jp}X_{jp} (j=1,\ 2,\ \cdots,\ m)$$

该式称为因子得分函数，用以计算每个样品的公因子得分。根据 m 的取值可以计算出每个样品的因子得分，并在平面上做因子得分散点图，结合图形进而对样本进行分类或者对原始数据进行更深入的研究。

由于因子得分函数中方程的个数 m 会小于变量个数 p，所以不能完全精确地计算出因子得分，只能对其进行估计。常用的估计方法有回归估计法、Thomson 估计法、Bartlett 估计法。

（8）综合得分。

将各因子的方差贡献率作为权重，由各因子的线性组合可以得到综合评价指标函数：

$$F = \frac{w_1F_1 + w_2F_2 + \cdots + w_mF_m}{w_1 + w_2 + \cdots + w_m}$$

其中 $w_i(i=1,\ 2,\ \cdots,\ m)$ 为方差贡献率。

（9）得分排序。

利用综合得分可以得到名词排序，从而可以对指标数据做进一步的分析研究。

第六节　功效函数法

功效函数法也称功效系数法（Efficacy Coefficient Method），是根据多目标规划原理提出的。其核心是通过功效函数将实际问题中不同量纲的指标数据转换为同量纲或者无量纲的指标数据，再利用各指标的权重关系，将得到的相同度量的指标数据进行加权综合，最后得到综合评价值，以此来评价被评价对象的综合状况。加权综合后得到一个总的综合指标，称为总功效函数值，这个总功效函数值越大，说明评价对象的综合性能越好，功效越大。

功效函数法的算法步骤如下：

（1）选择被评价对象的评价指标体系，并将选择出的指标分为正指标和逆指标。正指标指的是评价值越大，功效越强的指标；逆指标指的是评价值越小，功效越低的指标。

（2）确定指标上下限的阈值。各指标都有一个最优水平值 $X_i^{(g)}$ 和一个最差水平值 $X_i^{(b)}$（$i=1, 2, \cdots, n$）。

正指标

$X_i^{(g)} = \max(x_{i1}, x_{i2}, \cdots, x_{in})$

$X_i^{(b)} = \min(x_{i1}, x_{i2}, \cdots, x_{in})$

逆指标

$X_i^{(g)} = \min(x_{i1}, x_{i2}, \cdots, x_{ij})$

$X_i^{(b)} = \max(x_{i1}, x_{i2}, \cdots, x_{ij})$

其中，j 为评价对象的数目和类型，x_{ij} 为第 i 个指标的第 j 个评价对象。

（3）确定各指标的权重。

权重的决定方法有主观赋值法和客观赋值法两种。一般采用客观赋值法当中的变异系数求权重法来计算各指标的权重值。

$$v_i = \frac{\sigma_i}{\bar{x}_i}$$

$$w_i = \frac{v_i}{\sum_{i=1}^{n} v_i} \quad (i = 1, 2, \cdots, n)$$

$$\sum_{i=1}^{n} w_i = 1$$

其中，σ_i 是第 i 项指标的标准差，$\overline{x_i}$为第 i 项指标的平均值，包括评价的具体值和 $X_i^{(g)}$ 以及 $X_i^{(b)}$ 的平均值，$\overline{x_i} = \frac{1}{j+2}[x_{i1} + x_{i2} + \cdots + x_{ij} + x_i^{(g)} + x_i^{(b)}]$，$v_i$ 为第 i 项指标的变异系数。显然，$0 < w_i < 1$，w_i 的值越接近 1，则说明该项指标越重要，且各指标的权值的代数和为 1。

（4）计算各评价对象的单个指标的功效函数 d_i。

在指标评价体系中，正指标评价值越大，说明整个指标评价体系的性能越好；逆指标评价值越大，说明整个指标评价体系的性能越差。

正指标

$$d_i = \begin{cases} \frac{x_i - x_i^{(b)}}{x_i^{(g)} - x_i^{(b)}} \times 0.4 + 0.6, & x_i \geqslant x_i^{(b)} \\ 0, & x_i < x_i^{(b)} \end{cases}$$

逆指标

$$d_i = \begin{cases} \frac{x_i^{(b)} - x_i}{x_i^{(b)} - x_i^{(g)}} \times 0.4 + 0.6, & x_i > x_i^{(b)} \\ 0, & x_i \leqslant x_i^{(b)} \end{cases}$$

（5）计算总功效函数值 D。

采用变异计数法确定权重时，$D = \prod_{i=1}^{n} d_i^{w_i}$，式中，$w_i$ 作为单个指标评价值的功效函数 d_i 的指数。

采用其他计数法确定权重时，$D = \sum_{i=1}^{n} w_i \sqrt{\prod_{i=1}^{n} d_i^{w_i}}$。

从上面的式子中可以看出，w_i 的值对总功效函数值 D 影响十分巨大，所以 w_i 的确定是功效函数法的关键，一般要求 D 值在 0.6—1.0 之间才认为功效较高。

第七节　灰色层次分析法

层次分析法（The Analytic Hierarchy Process，AHP）是 20 世纪 70

年代中期由美国著名运筹学家、匹兹堡大学教授 T. L. Saaty 提出的一种多目标决策分析方法，该方法的特点在于它是一种定性与定量相结合的系统分析方法。Saaty 在 1997 年举行的第一届国际数学建模会议上发表的《无结构决策问题的建模》将层次分析理论带入人们的视野中，层次分析法从此开始被人们广泛应用于各大领域中。

层次分析法的基本原理是先根据问题的要求将一个很复杂的问题分解成它的组成部分；将这些组成部分（也可以称为元素）整理成枝干状的递阶层次结构；对同一层次的各元素关于上一层次中某一准则的重要性进行两两比较，构造两两比较判断矩阵；由判断矩阵计算被比较的元素对于被比较准则的相对权重；计算各元素对系统的合成权重，并进行排序。层次分析法的实质就是一个排序问题。

由于社会经济系统提供信息的不完全性，人们对于信息的认知并非全部是已知的，存在一部分信息未知的灰色性，导致在构造判断矩阵的时候，不能确定地认为一个元素完全属于某一个标度，而不属于其他标度。但是因为个人对决策信息已经有了一定的认识，因而可以确定一个大概的范围，给定一个标度的区间，即区间灰数，然后在这些区间灰数的基础上，对决策进行再分析，对区间灰数进行白化处理。将区间灰数的白化处理方法与已有的层次分析法结合起来，就形成了灰色层次分析法，使其更加符合客观实际，同时也更符合人的认知规律。

层次分析法的基本原理如下：

设有 n 个物体 A_1，A_2，…，A_n，其重量分别为 W_1，W_2，…，W_n。将物体的重量两两进行比较，得到：

	A_1	A_2	…	A_n
A_1	$\frac{W_1}{W_1}$	$\frac{W_1}{W_2}$	…	$\frac{W_1}{W_n}$
A_2	$\frac{W_2}{W_1}$	$\frac{W_2}{W_2}$	…	$\frac{W_2}{W_n}$
⋮	⋮	⋮		⋮
A_n	$\frac{W_n}{W_1}$	$\frac{W_n}{W_2}$	…	$\frac{W_n}{W_n}$

写成矩阵形式为：

$$A=\begin{bmatrix} W_1/W_1 & W_1/W_2 & \cdots & W_1/W_n \\ W_2/W_1 & W_2/W_2 & \cdots & W_2/W_n \\ \vdots & \vdots & & \vdots \\ W_n/W_1 & W_n/W_2 & \cdots & W_n/W_n \end{bmatrix}$$

A 称为判断矩阵，记 $W=[W_1, W_2, \cdots, W_n]^T$ 为重量向量，则上式可改写为：

$$AW=nW$$

显然，可以看出，W 是判断矩阵 A 的特征向量，n 是 A 的特征值。根据线性代数知识，不难证明，n 是矩阵 A 的唯一非零的、最大的特征值，W 为 n 所对应的特征向量。

当有一组物体，需要知道它们的重量，而又没有称重的仪器，这时就可以两两比较它们的重量，构成判断矩阵，通过求解判断矩阵的最大特征值 λ_{max} 和它所对应的特征向量，就能计算出这组物体的重量，这就是层次分析法的基本原理。

层次分析法的基本步骤如下：

（1）建立枝干状递阶层次结构。

将问题所含的因素进行分组，每一组作为一个层次，按照最高层（目标层）、中间层（准则层）和最低层（措施层）的形式形成枝干状递阶层次结构，如图 6－2 所示。

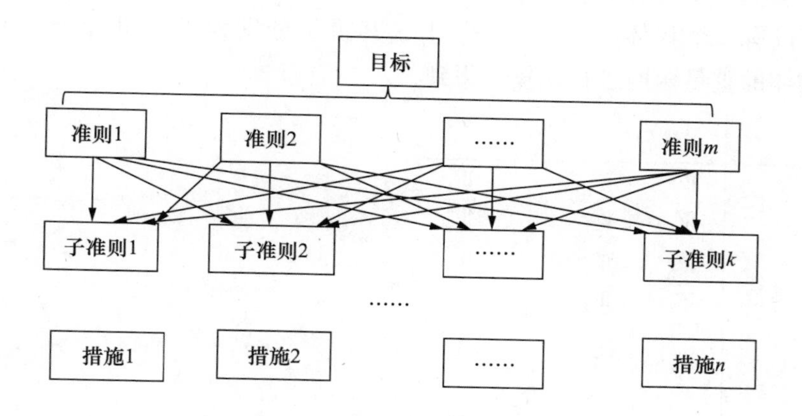

图 6－2　枝干状递阶层次结构

同一层次的元素作为准则对下一层次的某些元素起支配作用，同时又受到上一层次元素的支配。若某一个元素与下一层次的所有元素均有联系，则称这个元素与下一层次存在完全层次的关系；若某一个元素只与下一层次的部分元素有联系，则称这个元素与下一层次存在不完全层次关系。最简单的递阶层次结构为三层。

（2）构造判断矩阵。

构造判断矩阵是层次分析法的关键。判断矩阵中的标度值根据 T. L. Saaty 提出的1—9 比较标度法得到（见表6－1）。

表6－1　　比较标度法的含义

标度	含义
1	表示两个元素相比，具有相同的重要性
3	表示两个元素相比，前者比后者稍重要
5	表示两个元素相比，前者比后者明显重要
7	表示两个元素相比，前者比后者强烈重要
9	表示两个元素相比，前者比后者极端重要
2、4、6、8	表示上述相邻判断的中间值
倒数	若元素 i 与元素 j 的重要性之比为 a_{ij}，那么元素 j 与元素 i 的重要性之比为 $a_{ji}=1/a_{ij}$

对于一个准则 C，它所支配的下一层次元素记为 u_1，u_2，…，u_n，这 n 个被比较元素通过两两比较构成的判断矩阵为：

$$A=\begin{bmatrix} a_{11} & a_{12} & \cdots & a_{1n} \\ a_{21} & a_{22} & \cdots & a_{2n} \\ \vdots & \vdots & & \vdots \\ a_{n1} & a_{n2} & \cdots & a_{nn} \end{bmatrix}$$

其中，a_{ij}就是元素 u_i 与 u_j 相对于准则 C 的重要性的比例标度。判断矩阵具有下列性质：

①$a_{ij}>0$；

②$a_{ji}=\frac{1}{a_{ij}}(i\neq j)(i, j=1, 2, \cdots, n)$

③$a_{ij}=1(i=j)$

称判断矩阵 A 为正互反矩阵。当下式

$a_{ij}\cdot a_{jk}=a_{ik}$

对 A 的所有元素均成立时，判断矩阵 A 称为一致性矩阵。

（3）判断矩阵的一致性检验。

①计算判断矩阵的最大特征根。

$$\lambda_{\max}=\frac{1}{n}\sum_{j=1}^{n}\frac{(AW)_j}{W_j}$$

②一致性检验。

（i）层次单排列中的一致性检验。

判断矩阵的不一致性，可由特征根 $\lambda_{\max}$ 对 n 的偏差表现出来。

$$C.I.=\frac{\lambda_{\max}-n}{n-1}$$

$$C.R.=\frac{C.I.}{R.I.}$$

其中，*C. I.*（Consistency Index）称为一致性指标，*R. I.*（Random Index）称为平均随机一致性指标，可以根据 n 来查取。表 6－2 为 1—15阶正互反矩阵计算 1000 次得到的平均随机一致性指标数值：

表 6－2　　平均随机一致性指标数值

n	1	2	3	4	5	6	7	8
R. I.	0.00	0.00	0.52	0.89	1.12	1.26	1.36	1.41
n	9	10	11	12	13	14	15	
R. I.	1.46	1.49	1.52	1.54	1.56	1.58	1.59	

若 $C.R.<0.1$，则认为判断矩阵满足一致性要求，否则要对其进行调整，直到其满足一致性要求为止。

（ii）整体一致性的检验。

整体一致性的检验要在枝干状递阶层次结构的基础上，自上而下逐层依次进行。

通过求得 B 层上以元素 B_m 为准则的一致性指标 $(C.I.)_m$、平均随机一致性指标 $(R.I.)_m$ 还有一致性比例 $(C.R.)_m$，B 层次元素作用于

总目标 A 的权重向量为 $W=[w_1, w_2, \cdots, w_m]^T_{m\times l}$。则 B 层整体的综合一致性检验指标为：

$$C.I.^* = \{(C.I.)_1, (C.I.)_2, \cdots, (C.I.)_m\} 1 \cdot m \cdot W_{m\times l}$$

$$R.I.^* = \{(R.I.)_1, (R.I.)_2, \cdots, (R.I.)_m\} 1 \cdot m \cdot W_{m\times l}$$

$$C.R.^* = \frac{C.I.^*}{R.I.^*}$$

若 $C.R.^* < 0.1$，则认为该递阶层次结构在 B 层上的所有判断具有整体一致性。只有当枝干状递阶层次的整体结构以及局部都具有较好的一致性时，才能为决策者提供合理而有力的依据。

（4）计算权重并排序。

①层次单排序情况下的权重计算。

根据判断矩阵来求出同一层次的各元素相对于上一层次中某一个准则的相对权重 $W_1, W_2, \cdots, W_n$。

递阶层次结构中各层的相对权重，采用方根法来求判断矩阵 A 的归一化特征向量和特征值，直至满足一致性检验，所求的特征向量就是各因素的权重：

$$M_i = \prod_{j=1}^{n} a_{ij} \quad (i,j = 1,2,\cdots,n)$$

$$\overline{W_i} = \sqrt[n]{M_i}$$

$$W_i = \frac{\overline{W_i}}{\sum_{j=1}^{n} \overline{W_i}}$$

②层次总排序情况下的综合权重计算。

上面计算得到的结果只是某一层元素相对于上一层元素的权重向量，在这个基础上，我们要进行整体的综合权重的计算，得到各个元素相对于总目标的相对权重，特别是最低层元素相对于总目标的相对权重。因此需要将最低层的权重与各中间层的权重进行合成形成相对于总目标的权重。

k 层指标项相对于第一层元素的组合权重为：

$$\overline{w}^{(k)} = w^{(k)} \times w^{(k-1)} \times \cdots \times w^{(2)}$$

假定已经计算出 B 层上的 m 个元素相对于总目标 A 的权重向量 $W=[w_1, w_2, \cdots, w_m]^T_{m\times l}$，$C$ 层上的 n 个元素相对于上一层中任意一个元

素 B_m 的权重向量为 $P=[p_{1m}, p_{2m}, \cdots, p_{nm}]^T$，其中不受 B_m 支配的元素权重为0。

$$令\ P=\begin{bmatrix} p_{11} & p_{12} & \cdots & p_{1m} \\ p_{21} & p_{22} & \cdots & p_{2m} \\ \vdots & \vdots & & \vdots \\ p_{n1} & p_{n2} & \cdots & p_{nm} \end{bmatrix}$$

矩阵中的 p_{nm} 代表 C 层第 n 个元素对 B 层第 m 个元素的权重。C 层上 n 个元素相对于总目标 A 的权重的计算公式为：

$$W^* = P_{n\times m} \times W_{m\times l}$$

（5）合成综合指数。

在使用层次分析法得到各个指标的权重之后，接下来要把指标值与权重值进行合成形成综合指数。这里面临两个问题：指标的无量纲化和合成方法的选择。

无量纲化也称作数据的标准化，这里采用下面的公式进行指标的无量纲化：

x 为正指标时，

$$x_i = \frac{x}{x_0}$$

x 为负指标时，

$$x_i = \frac{x_0}{x}$$

其中，x 为指标的实际值，x_0 为设定好的指标值，x_i 为第 i 项指标的相对标准值，是通过指标实际值的无量纲化得到的。

指标合成的方法也有许多种，常用的方法是线性加权合成法、乘法合成法、加乘混合法等，其中最常用的方法是线性加权合成法，计算公式为：

$$y = \sum_{i=1}^{n} w_i y_i$$

其中，y 为合成指数，y_i 为指标标准化之后的值，w_i 为指标权重。也就是说，线性加权合成法是指标体系中各项指标标准值与其权重的乘积的代数和。

这里介绍几种常见的权重计算方法：

(1) 方根法。

①计算判断矩阵每一行元素的乘积

$$M_i = \prod_{j=1}^{n} a_{ij} \quad (i,j = 1,2,\cdots,n)$$

②计算 M_i 的 n 次方根

$$\overline{W_i} = \sqrt[n]{M_i} \quad (i, j=1, 2, \cdots, n)$$

③将向量 $\overline{W} = [\overline{W_1}, \overline{W_2}, \cdots, \overline{W_n}]^T$ 归一化

$$W_i = \frac{\overline{W_i}}{\sum_{j=1}^{n} \overline{W_i}} \quad (i,j = 1,2,\cdots,n)$$

则 $W = [W_1, W_2, \cdots, W_n]^T$ 为所求的特征向量。

④计算最大的特征根

$$\lambda_{\max} = \sum_{i=1}^{n} \frac{(AW)_i}{nW_i}$$

其中，$(AW)_i$ 表示向量 AW 的第 i 个分量。

(2) 和积法。

①将判断矩阵每一列归一化

$$\overline{a_{ij}} = \frac{a_{ij}}{\sum_{k=1}^{n} a_{kj}} \quad (i,j = 1,2,\cdots,n)$$

②对按列归一化后的判断矩阵，再进行求和

$$\overline{W_i} = \sum_{j=1}^{n} \overline{a_{ij}} \quad (i,j = 1,2,\cdots,n)$$

③将向量 $\overline{W} = [\overline{W_1}, \overline{W_2}, \cdots, \overline{W_n}]^T$ 归一化

$$W_i = \frac{\overline{W_i}}{\sum_{j=1}^{n} \overline{W_i}} \quad (i,j = 1,2,\cdots,n)$$

则 $W = [W_1, W_2, \cdots, W_n]^T$ 为所求的特征向量。

④计算最大的特征根

$$\lambda_{\max} = \sum_{i=1}^{n} \frac{(AW)_i}{nW_i}$$

其中，$(AW)_i$ 表示向量 AW 的第 i 个分量。

而灰色层次分析法与层次分析法的区别就在于构造判断矩阵的时

候，没有一个确定的值，因为灰色性的存在，只能得到一个大概的区间范围，所有的分析与研究都是在这些区间范围的基础上进行的。

我们将只知道大概取值范围而不知道其准确值的数称为灰数，这个取值范围称为灰域。为了计算的方便，可以使用白化的方法在灰域中找到一个值来作为近似的代替，这个找出的代替值称为白化值。我们通常使用记号“$\otimes$”来表示灰数。例如，用记号“$\otimes(a)$”表示 a 是一个灰数，用记号“$[a^-, a^+]$”表示它的灰域，用记号“$\tilde{\otimes}(a)$”表示 a 在其灰域中的一个白化值，用记号“$\otimes(A)$”表示矩阵 A 是一个含有灰数的矩阵，用记号“$\otimes(a_{ij})$”表示该矩阵中对应位置的灰元。

对于任意的 $i, j=1, 2, \cdots, n$，若满足下面四个条件：

①$\tilde{\otimes}(a_{ij})>0$，且 a_{ij}^-，a_{ij}^+ 在1—9标度内取值；

②$\tilde{\otimes}(a_{ij})=\dfrac{1}{\tilde{\otimes}(a_{ji})}$；

③$A_{ij}=\dfrac{1}{A_{ji}}$，A_{ij}表示$\otimes(a_{ij})$的灰域；

④$\otimes(a_{ii})=1$。

则称$\otimes(A)=(\otimes(a_{ij}))_{n\times n}$为一个灰数判断矩阵。

对于任意的 $i, j=1, 2, \cdots, n$，若有

$$\bigcap_{k=1}^{n} A_{ik}A_{kj}=A_{ij}$$

则称$\otimes(A)=(A_{ij})_{n\times n}$为一致性灰数判断矩阵。

灰色层次分析法的一般步骤为：

(1) 确定灰数判断矩阵。

在建立好枝干状递阶层次结构的基础上，对于一个 k 层结构，两两进行比较构造灰数判断矩阵如下：

$$\otimes(A)=\begin{bmatrix} \otimes(a_{11}) & \otimes(a_{12}) & \cdots & \otimes(a_{1n}) \\ \otimes(a_{21}) & \otimes(a_{22}) & \cdots & \otimes(a_{2n}) \\ \vdots & \vdots & & \vdots \\ \otimes(a_{n1}) & \otimes(a_{n2}) & \cdots & \otimes(a_{nn}) \end{bmatrix}$$

其中，$\otimes(a_{ij})$ 的灰域为 $[a_{ij}^-, a_{ij}^+]$。

(2) 对灰数判断矩阵进行白化处理。

设 λ_i 表示对第 i 个方案的偏好程度。若 $\lambda_i>\dfrac{1}{2}$，则说明对第 i 个方

案持保守态度；若 $\lambda_i < \frac{1}{2}$，则说明对第 i 个方案持乐观态度；若 $\lambda_i = \frac{1}{2}$，则说明对第 i 个方案持中立态度。

则灰数判断矩阵的白化值为：

$$a_{ij} = (a_{ij}^-)^{\lambda_i}(a_{ij}^+)^{1-\lambda_i} \quad (i, j = 1, 2, \cdots, n)$$

求得灰数判断矩阵的白化矩阵为：

$$\tilde{\otimes}(A) = \begin{bmatrix} \tilde{\otimes}(a_{11}) & \tilde{\otimes}(a_{12}) & \cdots & \tilde{\otimes}(a_{1n}) \\ \tilde{\otimes}(a_{21}) & \tilde{\otimes}(a_{22}) & \cdots & \tilde{\otimes}(a_{2n}) \\ \vdots & \vdots & & \vdots \\ \tilde{\otimes}(a_{n1}) & \tilde{\otimes}(a_{n2}) & \cdots & \tilde{\otimes}(a_{nn}) \end{bmatrix}$$

（3）计算单一准则下元素的权重。

与之前的层次分析法类似，使用 $\otimes(A)W = \lambda_{max}W$ 来求灰数判断矩阵的特征根和特征向量。

求得的排序向量为：

$$\tilde{\otimes}(W) = (w_i)_{n \times n}$$

其中，

$$w_i = \frac{a_{ij}}{\sum_{k=1}^{n} a_{kj}} = \frac{(a_{ij}^-)^{\lambda_i}(a_{ij}^+)^{1-\lambda_i}}{\sum_{k=1}^{n}(a_{ij}^-)^{\lambda_k}(a_{ij}^+)^{1-\lambda_k}}, \quad (i,j = 1,2,\cdots,n)$$

然后要进行一致性检验，若不满足一致性，则需要对灰数判断矩阵进行调整，直到其满足一致性要求为止。

（4）计算综合权重。

计算综合权重的方法与上面介绍的层次分析法相同。

第八节　灰色聚类法

灰色聚类法（Grey Clustering Method，GCM）是我国邓聚龙教授根据“灰箱”的概念推广而来的灰色系统理论的一部分。灰色系统是指有一部分信息已知而有一部分信息未知的系统，灰色系统理论考察和研究的是信息不完备的系统，通过已知的信息来研究和预测未知领域从而达到了解整个系统的目的。

灰色聚类法以灰色关联度为基础。灰色关联度指的是一种因素比较分析方法，其目的是通过一定的方法梳理清楚系统中各因素之间的主要关系，找出其中对系统影响最大的因素，进而分析各因素之间的关联程度。可见，灰色关联度分析是对于一个系统发展变化态势的定量描述和比较，只有弄清楚系统或因素之间的这种关联关系，才能对系统有比较清楚且透彻的认识。

灰色关联度分析的原理如下：

设有一个分析系统 $S_i(i=1, 2, \cdots, m)$，其指标序列为 X_i，

$X_i=(X_{i1}, X_{i2}, \cdots, X_{in})$

又有基准指标序列 X_0，

$X_0=(X_{01}, X_{02}, \cdots, X_{0n})$

则有实数 $\varepsilon_i(k)$，

$$\varepsilon_i(k)=\frac{\rho \max\limits_i\max\limits_k |X_{0k}-X_{ik}|}{|X_{0k}-X_{ik}|+\rho \max\limits_i\max\limits_k |X_{0k}-X_{ik}|}$$

其中，ρ 为 X_i 对于 X_0 在第 k 点的关联系数，$\rho\in[0, 1]$，是一个给定好的数，一般取0.5，则称实数 r_i 为 X_i 对于 X_0 的关联度，

$$r_i=\frac{1}{n}\sum_{i=1}^{m}\varepsilon_i(k)$$

且全部 r_i 的值构成关联度集 $RR=[r_1, r_2, \cdots, r_m]$。

灰色聚类法的一般步骤为：

（1）确定灰色聚类样本。

设有 m 个元素，每个元素有 n 个评价指标，每个评价指标可分为 h 个等级，则可记元素 i 为聚类样本（$i=1, 2, \cdots, m$），j 为聚类指标（$j=1, 2, \cdots, n$），C_{ij} 为第 i 个聚类对象对第 j 个聚类指标的样本值，则 D 为样本矩阵

$$D=\begin{bmatrix} C_{11} & C_{12} & \cdots & C_{1n} \\ C_{21} & C_{22} & \cdots & C_{2n} \\ \vdots & \vdots & & \vdots \\ C_{m1} & C_{m2} & \cdots & C_{mn} \end{bmatrix}$$

为了综合分析并使聚类结果具有可比性，则需要对各指标的数据进

行标准化处理，即无量纲化。我们采用如下的方法进行标准化处理：

$$d_{ij}=\frac{C_{ij}}{C_{0j}},\quad (i=1,2,\cdots,m;\ j=1,2,\cdots,n)$$

其中，d_{ij}为第 i 个样本第 j 个指标的标准化值，C_{ij}为第 i 个样本第 j 个指标的观测值，C_{0j}为第 i 个指标的参考标准。我们采用如下的方法进行灰类的标准化：

$$r_{jk}=\frac{S_{jk}}{C_{0j}},\quad (i=1,2,\cdots,m;\ k=1,2,\cdots,h)$$

其中，r_{jk}为第 i 个指标第 k 个灰类值 S_{jk}标准化后的值。

（2）计算白化函数。

白化函数反映的是聚类指标对灰类的远近亲疏关系。第 j 个指标的灰类 1、灰类 $k(k=2,3,\cdots,h-1)$ 和灰类 h 的白化函数分别为：

$$f_{j1}(x)=\begin{cases}1, & x\leqslant x_m\\ \dfrac{x_h-x}{x_h-x_m}, & x_m<x<x_h\\ 0, & x\geqslant x_h\end{cases}$$

$$f_{jk}(x)=\begin{cases}0, & x\leqslant x_0\\ \dfrac{x-x_0}{x_m-x_0}, & x_0<x<x_m\\ \dfrac{x_h-x}{x_h-x_m}, & x_m<x<x_h\\ 1, & x=x_m\\ 0, & x\geqslant x_h\end{cases}$$

$$f_{jh}(x)=\begin{cases}1, & x\geqslant x_m\\ \dfrac{x-x_0}{x_m-x_0}, & x_0<x<x_m\\ 0, & x\leqslant x_0\end{cases}$$

（3）聚类权与聚类系数的计算。

聚类权指的是各指标对某一灰类的权重，称 η_{jk}为第 j 个指标对第 k 个灰类的聚类权，则有：

$$\eta_{jk}=\frac{C_{ij}/C_{0j}}{\sum_{j=1}^{n}C_{ij}/C_{0j}}\quad (j=1,2,\cdots,n)$$

聚类系数 δ_{ik} 代表的是第 i 个聚类对象相对于第 k 个灰类的远近亲疏程度。

$$\delta_{ik} = \sum_{j=1}^{n} f_{jk}(d_{ij})\eta_{jk} \quad (i = 1,2,\cdots,m;k = 1,2,\cdots,h)$$

通过上面的计算，可以得到由第 k 个聚类样本的聚类系数构成的聚类向量 $\delta_{ik} = [\delta_{i1},\ \delta_{i2},\ \cdots,\ \delta_{ih}]$。聚类向量中最大值的聚类系数即为对应的该聚类样本的分级：

$$\delta_i^* = \max\{\delta_{ik} \mid 1 \leqslant k \leqslant h\} \quad (i=1,\ 2,\ \cdots,\ m)$$

第九节 灰色局势决策法

灰色局势决策法同灰色层次分析法一样，是灰色系统理论的组成部分。灰色局势决策指的就是对含有灰元的事件所作的决策，也就是在多个时间、多种对策、多个目标下如何选择最优决策的问题。

灰色局势决策法的基本步骤如下：

（1）构造局势与局势矩阵。

设有 n 个事件或者元素构成事件集 $E = (E_1,\ E_2,\ \cdots,\ E_n)$，有 m 项指标数据构成对策集 $F = (F_1,\ F_2,\ \cdots,\ F_m)$，则对策 F_j 对付事件 E_i 的局势为 $S_{ij} = \{a_i,\ b_j\}$，$(i=1,\ 2,\ \cdots,\ n;\ j=1,\ 2,\ \cdots,\ m)$。用 m 个对策对付 n 个事件的 $n \times m$ 个局势构成局势矩阵

$$S = [S_{ij}]_{n \times m}$$

（2）确定目标效果测度。

每一局势 S_{ij} 都有一个效果值 $r_{ij}^{(k)}$，则效果测度矩阵 $r_{ij}^{(k)} = [r_{ij}^{(k)}]_{n \times m}$。对于非时间序列的单点数据，采用白化函数作为目标效果测度的计算公式。同灰色层次分析法的定义一样，可以将指标分为正向指标和逆向指标。正向指标对系统的影响是正向的，逆向指标对系统的影响是逆向的。正、逆向指标具有不同的白化函数。

对于第 k 个正向指标，事件 i 的第 1 个对策（$j=1$），白化函数为：

$$r_{ij}^{(k)} = \begin{cases} 1, & X_{ik} < S_{kj} \\ \dfrac{S_{k(j+1)} - X_{ik}}{S_{k(j+1)} - S_{kj}}, & S_{kj} \leqslant X_{ik} \leqslant S_{k(j+1)} \\ 0, & X_{ik} > S_{k(j+1)} \end{cases}$$

逆向指标的白化函数为：

$$r_{ij}^{(k)}=\begin{cases}0, & X_{ik}<S_{k(j+1)}\\ \dfrac{X_{ik}-S_{k(j+1)}}{S_{kj}-S_{k(j+1)}}, & S_{k(j+1)}\leqslant X_{ik}\leqslant S_{kj}\\ 1, & X_{ik}>S_{kj}\end{cases}$$

其中，X_{ik}表示事件 j 目标 k 的观测值，S_{kj}表示目标 k 对策 j 的标准值。

对于第 2 个至第 $m-1$ 个对策，正向指标的白化函数为：

$$r_{ij}^{(k)}=\begin{cases}\dfrac{X_{ik}-S_{k(j-1)}}{S_{kj}-S_{k(j-1)}}, & S_{k(j-1)}<X_{ik}<S_{kj}\\ \dfrac{S_{k(j+1)}-X_{ik}}{S_{k(j+1)}-S_{kj}}, & S_{kj}\leqslant X_{ik}\leqslant S_{k(j+1)}\\ 0, & X_{ik}>S_{k(j+1)}\text{或}X_{ik}<S_{k(j-1)}\end{cases}$$

逆向指标的白化函数为：

$$r_{ij}^{(k)}=\begin{cases}\dfrac{X_{ik}-S_{k(j+1)}}{S_{kj}-S_{k(j+1)}}, & S_{k(j+1)}\leqslant X_{ik}\leqslant S_{kj}\\ \dfrac{S_{k(j-1)}-X_{ik}}{S_{k(j-1)}-S_{kj}}, & S_{kj}\leqslant X_{ik}\leqslant S_{k(j-1)}\\ 0, & X_{ik}>S_{k(j-1)}\text{或}X_{ik}<S_{k(j+1)}\end{cases}$$

对于第 m 个对策，正向指标的白化函数为：

$$r_{ij}^{(k)}=\begin{cases}1, & X_{ik}>S_{kj}\\ \dfrac{X_{ik}-S_{k(j-1)}}{S_{kj}-S_{k(j-1)}}, & S_{k(j-1)}\leqslant X_{ik}\leqslant S_{kj}\\ 0, & X_{ik}>S_{k(j-1)}\end{cases}$$

逆向指标的白化函数为：

$$r_{ij}^{(k)}=\begin{cases}0, & X_{ik}>S_{k(j-1)}\\ \dfrac{S_{k(j+1)}-X_{ik}}{S_{k(j+1)}-S_{kj}}, & S_{kj}\leqslant X_{ik}\leqslant S_{k(j-1)}\\ 1, & X_{ik}<S_{kj}\end{cases}$$

（3）多目标决策。

因为各目标对决策判断的作用不同，所以综合评价时需要对目标进行加权处理。正向指标权值公式为：$W_{ik}^{+} = X_{ik}/S_{0k}$；逆向指标的权值公式为：$W_{ik}^{-} = S_{0k}/X_{ik}$。则归一化公式为：

$$W_{ik} = \frac{W_{ik}^{+}}{\sum_{k=1}^{p} W_{ik}^{+}}$$

其中，S_{0k}表示目标 k 的参考标准值，通常取标准值或者实测值的中值。

对 p 个目标的效果测度进行综合，得到多目标决策综合效果测度矩阵 $R = \{R_{ij}\}_{n \times m}$，其中

$$R_{ij} = \sum_{k=1}^{p} W_{ik} r_{ij}^{(k)}$$

（4）评判最优局势的决策。

根据最大测度来确定最优局势。

第十节 全排列多边形图示指标法

全排列多边形图示指标法简单易行，评价的结果简洁直观。与传统的简单加权法相比较而言，全排列多边形图示指标法根据决策相关的上限、下限和临界值，来确定权重系数的大小，而专家评判或多或少地都会带有一定程度的主观性，这就大大降低了评价的主观随意性。目前，这个方法已经广泛应用于生态城市的建设评价、水环境的安全评估、海洋资源的开发利用综合效益评价以及节能减排绩效评估等各个方面。

设共有 n 个数据指标（标准化之后的值），把所选取指标数据的上限值当作半径构成一个中心 n 边形，各指标的具体值连成一个不规则的中心 n 边形，这个不规则的中心 n 边形的顶点是 n 个指标数据的一个首尾相接的全排列，n 个指标总共可以构成$\frac{(n-1)}{2}$！个不同的不规则中心 n 边形，综合指数定义为所有这些不规则的多边形面积的均值与中心多边形面积的比值。

通过双曲线标准化求得函数指标值标准化：

$$F(x) = \frac{a}{bx + c}$$

$F(x)|_{x=L}=-1$，$F(x)|_{x=T}=0$，$F(x)|_{x=U}=+1$

式中，U 为指标数据 x 的上限，L 为指标数据 x 的下限，T 为指标数据 x 的临界值。根据上面三个条件可以得到：

$$F(x)=\frac{(U-L)(U-T)}{(U+L-2T)x+UT+LT-2LU}$$

可以证明，当 $x\in[L, U]$ 时，$F(x)$ 有下面的性质：

(1) $F(x)$ 有意义，即在定义区间无奇异值；

(2) $F(x)\geqslant 0$；

(3) 当 $x=\frac{(U+L)}{2}$时，$F(x)'=0$，这时 $F(x)$ 为线性函数；

(4) 当 $x\in(T, U)$时，$F(x)''>0$；

(5) 当 $x\in[L, T]$时，$F(x)''<0$；

(6) 当 $x=T$ 时，$F(x)''=0$。

由 $F(x)$ 的性质可知，标准化函数 $F(x)$ 把位于区间 $[L, U]$ 的指标数据映射到 $[-1, +1]$ 区间上，并且映射后的值改变了指标的增长速度。因此可以证明，当指标值处于临界值以下时，标准化后的数据指标增长速度逐渐下降；当指标值处于临界值以上时，标准化后的数据指标增长速度逐渐增加，即指标由没有标准化以前的沿 x 轴的线性增长变为标准化后的快—慢—快的非线性增长，指标增长速度的转折点是数据指标的临界值。

对于第 i 个指标，标准化计算公式为：

$$S_i=\frac{(U_i-L_i)(U_i-T_i)}{(U_i-L_i-2T_i)X_i+U_iT_i+L_iT_i-2L_iU_i}$$

式中，L_i、T_i、U_i 分别为指标的最小值、临界值和最大值。

利用 n 个指标可以作出一个中心正 n 边形，n 边形的 n 个顶点为 $S_i=1$ 时的值，中心点为 $S_i=-1$ 时的值，中心点到顶点的线段为各指标标准化值所在的区间 $[-1, +1]$，而 $S_i=0$ 时构成的多边形为指标的临界区。临界区的内部区域表示各指标数据的标准化值在临界值以下，值为负；外部区域表示各指标数据的标准化值在临界值以下，值为正，如图 6-3 所示。从图中可以看出，各单项指标的大小及其与最大值、最小值的差距一般是不同的，并且可以根据各指标两两组成的 $\frac{n(n-1)}{2}$个三角形面积来推算其综合指标值的计算公式。

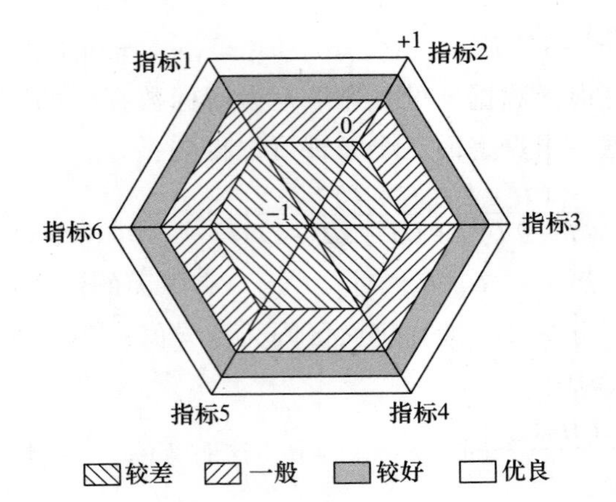

图 6-3　全排列多边形图示指标法

这些三角形面积之和为：

$$\frac{1}{2}\times\sin\left(\frac{n}{\pi}\right)\times\sum_{i\neq j}(S_i+1)(S_j+1)\times\frac{n}{2}\times\frac{2}{n(n-1)}$$

其中，S_i+1 的意义就是分项指标 i 的值到中心点的距离，而相应的$\frac{(n-1)}{2}$！个边长为 2 的规则中心正多边形的面积为：$\frac{1}{2}\times4\times n\times\frac{(n-1)}{2}$！，二者的比值即为全排列多边形综合指数：

$$S=\sum_{i\neq j}^{i,j}\frac{(S_i+1)(S_j+1)}{2n(n-1)}$$

其中，S_i、S_j 分别为第 i 和第 j 个分项指标，S 为综合指标。

全排列多边形图示指标法利用多维乘法替代传统的加法，当分项指标值位于临界值以下时，边长会小于 1，此时将对综合指标产生缩小效应。反之，当分项指标值位于临界值以上时，边长大于 1，此时对综合指标产生放大效应。这反映了整体大于或小于部分之和的系统整合原理，为系统指标体系评价提供了科学的方法。

第十一节　主成分分析法

主成分分析法（Principal Component Analysis，PCA）也称主分量分

析法，旨在利用降维的思想，把多指标问题简化为少数几个综合指的问题来分析。主成分分析法将给定的一组相关变量通过一定的线性变换变为另一组相互独立或者不相关的变量，这些新的变量依据方差依次递减的顺序排列。在变换的过程中保持变量的总方差不变，使第一个变量具有最大的方差，称为第一主成分，其带有的方差信息量最多，第二个变量的方差次大，称为第二主成分，其带有的方差信息量次之，以此类推，k 个变量就具有 k 个主成分。

主成分在方差信息量中的比例越大，则它在综合评价中的作用就越大。我们使用离差平方和来表示两个指标衡量的 n 个样本之间的变量信息，综合评价的总方差为：

$$\sum_{i=1}^{n}(X_{i1}-\overline{X_1})^2+\sum_{i=1}^{n}(X_{i2}-\overline{X_2})^2$$

若 $\sum_{i=1}^{n}(X_{i1}-\overline{X_1})^2$ 和 $\sum_{i=1}^{n}(X_{i2}-\overline{X_2})^2$ 的数值差不多，则表明两个指标在方差总信息量中的比重相当，综合评价的时候这两个指标都需要保留，若二者的比例为4∶1，则表明第1个指标反映的信息量很大，占总信息量的80%，综合评价的时候使用第1个指标即可，第2个指标可以忽略。实施变换前后的总方差相等，则表明原指标代表的信息已经由主成分来表示。

主成分分析法的一般原理如下：

设有 p 个指标，n 个变量，则共有 $n\times p$ 个指标数据，矩阵表示如下：

$$X=\begin{bmatrix}X_{11} & X_{12} & \cdots & X_{1p}\\ X_{21} & X_{22} & \cdots & X_{2p}\\ \vdots & \vdots & & \vdots\\ X_{n1} & X_{n2} & \cdots & X_{np}\end{bmatrix}$$

主成分分析法就是从这 p 个指标中，找出少数几个综合性指标 w_1，w_2，…，w_m（$m<p$），且这几个综合性指标是相互独立的。数学上已经证明，相关矩阵 R 的特征根 $\lambda_g(g=1, 2, \cdots, m)$ 就是主成分分析中第 g 个主成分的方差，λ_g 所对应的特征向量 L_g 就是第 g 个主成分中各指标变量的系数。在分析实际问题时，我们可以只取前 k 个主成分来代表原变量的方差信息，以减少工作量。

主成分分析法的基本步骤如下：

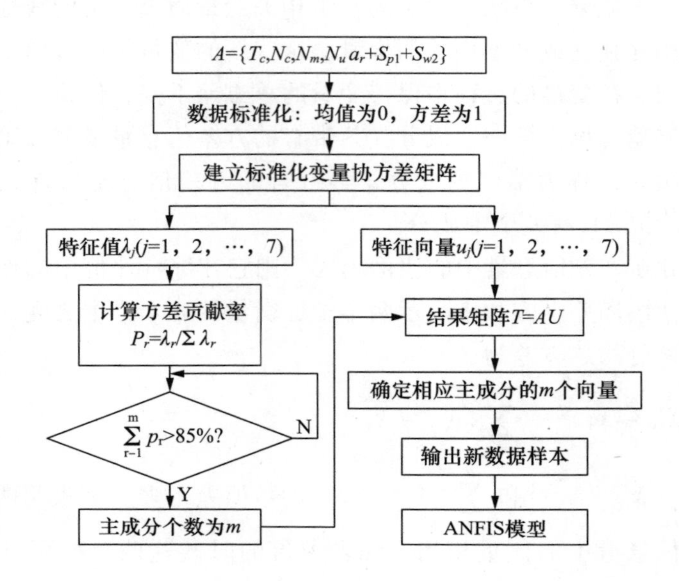

图 6－4　主成分分析法的一般原理

（1）原始指标数据标准化。

主成分分析法必须使用 Z－Score 法对原始数据进行标准化处理，即：

$$Z_{ij} = \frac{X_{ij} - \overline{X_j}}{S_{ij}}$$

$$\overline{X_j} = \frac{1}{n}\sum_{i=1}^{n} X_{ij}, S_{ij}^2 = \frac{\sum_{i=1}^{n}(X_{ij} - \overline{X_j})^2}{n-1} \quad (i = 1,2,\cdots,n; j = 1,2,\cdots,p)$$

分别表示第 j 个指标的平均值和方差。

（2）求指标数据的相关矩阵。

$R = (r_{jk})_{p\times p} \quad (j = 1，2，\cdots，p；k = 1，2，\cdots，p)$

其中，r_{jk}为指标 j 与指标 k 之间的相关系数，计算公式为：

$$r_{jk} = \frac{1}{n}\sum_{i=1}^{n}\left[\frac{(X_{ij} - \overline{X_j})^2}{S_j} \cdot \frac{(X_{jk} - \overline{X_k})^2}{S_k}\right]$$

也就是

$$r_{jk} = \frac{1}{n-1}\sum_{i=1}^{n} Z_{ij}Z_{jk}, \text{且 } r_{ii} = 1, r_{jk} = r_{kj} \quad (i = 1,2,\cdots,n; j = 1,2,\cdots,$$

$p;k=1,2,\cdots,p$）

（3）求相关矩阵的特征根和特征向量，确定主成分。

由特征方程式 $|\lambda_i p-R|=0$ 可以求得 p 个特征根 $\lambda_g(g=1,2,\cdots,p)$，将这些特征根按照大小顺序排列，得到 $\lambda_1\geqslant\lambda_2\geqslant\cdots\geqslant\lambda_p\geqslant0$，它也是主成分的方差，它的大小描述了各个主成分在表示被评价对象上所起的作用大小。由特征方程式，每一个特征根都对应着一个特征向量 L_g，这里 $L_g=l_{g1}$，l_{g2}，…，l_{gp}。

将标准化之后的指标数据转换为主成分：

$$F_g=l_{g1}Z_1+l_{g2}Z_2+\cdots+l_{gp}Z_p \quad (g=1,2,\cdots,p)$$

F_1 则为第一主成分，F_2 则称为第二主成分，……，F_p 则称为第 p 主成分。

（4）计算方差贡献率，确定主成分个数。

一般情况下主成分的个数就等于原始指标的个数，如果原始指标个数较多，进行综合评价时则较为麻烦。主成分分析法的目的就是减少分析指标的个数，选取尽量少的 $k(k\leqslant p)$ 个主成分来进行综合评价，同时还要保证损失的信息量尽可能地少。这个 k 值的选取由方差贡献率来决定，方差贡献率如果大于85%，则选择；反之，则不选择。这里的方差贡献率计算公式为：

$$\sum_{g=1}^{k}\lambda_g\Big/\sum_{g=1}^{p}\lambda_g$$

（5）对选择出来的 k 个主成分进行综合评价。

先计算每一个主成分的线性加权值

$$F_g=l_{g1}Z_1+l_{g2}Z_2+\cdots+l_{gp}Z_p \quad (g=1,2,\cdots,p)$$

再对这 k 个主成分进行加权求和，即得到最终的综合评价值。权数为每一个主成分的方差贡献率 $\lambda_g\Big/\sum_{g=1}^{p}\lambda_g(g=1,2,\cdots,p)$，最终得到的综合评价值 $F=\sum_{g=1}^{k}\left(\lambda_g\Big/\sum_{g=1}^{p}\lambda_g\right)F_g$。

第十二节 蒙特卡罗模拟综合评价法

蒙特卡罗（Monte Carlo）方法，也叫计算机随机模拟方法，是一种基于“随机数”的计算方法。由概率定义知，事件的概率可以通过大量试验中该事件发生的频率来进行估算，当样本容量非常大时，可以把事件的发生频率作为其概率。因此，可以先对指标可靠度有影响的随机变量进行大量的随机抽样，然后将抽样值一组组地代入功能函数式，进而确定新的函数结构是否失效，最后从中求得结构的失效概率。蒙特卡罗法正是基于此思路进行分析的。

设有统计独立的随机变量 $X_i(i=1, 2, \cdots, n)$，其相对应的概率密度函数分别为 $f(x_i)(i=1, 2, \cdots, n)$，功能函数式为 $Z=g(x_1, x_2, \cdots, x_n)$。首先，根据各随机变量的相应分布，产生 N 组随机数据 $X_i(i=1, 2, \cdots, n)$ 值，计算功能函数值 $Z_k=g(x_1, x_2, \cdots, x_n)(k=1, 2, \cdots, N)$，若其中有 L 组随机数对应的功能函数值 $Z_k \leqslant 0$，则当 $N \to \infty$ 时，根据伯努利大数定理及正态随机变量的特性有：结构实效概率，可靠指标。

蒙特卡罗模拟综合评价法的基本步骤如下：

（1）确定各变量。

分析哪些是影响评价指标的主要因素，即为研究变量（理论上，蒙特卡罗模拟法可以将影响评价指标的所有因素都视为研究变量），并将这些变量分解为可以估计分布特征的子变量。假定方案中的参数是随机变量，可以通过经验或者对这些参数的统计分析得到其可能的取值以及取值的概率。设随机变量的可能取值为 x_1，x_2，$\cdots$，x_n，对应的概率分别为 p_1，p_2，$\cdots$，p_n。

（2）估计子变量的分布特征。

分析子变量的分布有何规律，根据其分布特征，采用一定的方法，估计其分布特征及其分布参数。

（3）模拟参数的组合。

采用随机数产生程序，生成随机数。不同的随机数代表不同的参数值，这样就可以确定一组参数值的组合。

（4）根据所得参数值的组合，赋予权重，计算综合评价值。

（5）根据计算结果，计算期望值、标准差等。

（6）对各方案的数据进行比较，并进行排序，最终选择一个最优方案。

第十三节　模糊综合评价法

模糊综合评价法是一种基于模糊数学的综合评标方法。该综合评价法根据模糊数学的隶属度理论把定性评价转化为定量评价，即用模糊数学对受到多种因素制约的事物或对象做出一个总体的评价。它具有结果清晰、系统性强的特点，能较好地解决模糊的、难以量化的问题，适合各种非确定性问题的解决。

模糊集合理论（fuzzy sets）的概念于1965年由美国的自动控制专家查德（L. A. Zadeh）教授提出，用以表达事物的不确定性。

模糊综合评价法的一般步骤如下：

（1）模糊综合评价指标的构建。

模糊综合评价指标体系是进行综合评价的基础，评价指标的选取是否适宜，将直接影响综合评价的准确性。

（2）建立模糊关系矩阵。

所谓模糊性，是指元素对集合的隶属关系而言，因此采用模糊的概念时需要引入隶属度的概念。隶属度用来表示元素 u 属于模糊集合 U 的程度，也就是对模糊集合的判断是用元素对此集合的从属程度大小来表达的。

隶属度可用隶属函数 $\varphi(u)$ 表示，$\varphi(u)$ 是0—1之间的任意一个数。当 $\varphi(u)=0$ 时，u 完全不属于模糊集合；当 $\varphi(u)=1$ 时，u 完全属于模糊集合；$\varphi(u)$ 越接近1，u 属于模糊集合的程度就越大。

（3）计算各因素权重值。

由于各单项评价指标对元素的贡献存在差异，因此对各单项评价指标要给予一定的权重。常用的权重计算方法有方根法、和积法等。

（4）模糊矩阵复合运算。

进行单项指标评价并配以权重后，可得到权重模糊矩阵和关系模糊矩阵，其中关系模糊矩阵就是隶属度矩阵。将权重模糊矩阵和关系模糊矩阵进行复合运算，即可以得出综合评价指数。

第十四节　德尔菲法

德尔菲法（Delphi Method，DM）于20世纪40年代由赫尔姆和达尔克创立。1946年美国兰德公司首次使用此方法进行定性预测，后来此方法被迅速应用于各大领域。德尔菲法又称专家意见法或专家函询调查法，是依据系统的程序，采用匿名发表意见的方式，即团队成员之间不得互相讨论，不发生横向联系，只能与调查人员发生关系，以反复地填写问卷，以集结问卷填写人的共识及搜集各方意见，可用来构造团队沟通流程，应对复杂任务难题的管理技术。德尔菲法的关键是组织具有学科代表性的权威专家对评价指标进行测定，并对测定结果采用一定的统计方法进行定量处理。

德尔菲法作为一种专家调查法，是在专家个人判断法和专家会议法的基础上发展起来的一种直观判断和预测的方法。其具体实施步骤如下：

（1）确定调查题目，拟定调查提纲，准备向专家提供的资料（包括预测目的、期限、调查表以及填写方法等）。

（2）组成专家小组。按照课题所需要的知识范围，确定专家。专家人数的多少，可根据预测课题的大小和涉及面的宽窄而定，一般不超过20人。

（3）向所有专家提出所要预测的问题及有关要求，并附上有关这个问题的所有背景材料，同时请专家提出还需要什么材料。然后，由专家做书面答复。

（4）各个专家根据他们所收到的材料，提出自己的预测意见，并说明自己是怎样利用这些材料并提出预测值的。

（5）将各位专家第一次判断意见汇总，列成图表，进行对比，再分发给各位专家，让专家比较自己同他人的不同意见，修改自己的意见和判断。也可以把各位专家的意见加以整理，或请身份更高的其他专家加以评论，然后把这些意见再分送给各位专家，以便他们参考后修改自己的意见。

（6）将所有专家的修改意见收集起来，汇总，再次分发给各位专家，以便做第二次修改。逐轮收集意见并为专家反馈信息是德尔菲法的主要环节。收集意见和信息反馈一般要经过三四轮。在向专家进行反馈的时候，只给出各种意见，但并不说明发表各种意见的专家的具体姓名。这一过程重复进行，直到每一个专家不再改变自己的意见为止。

（7）对专家的意见进行综合处理。

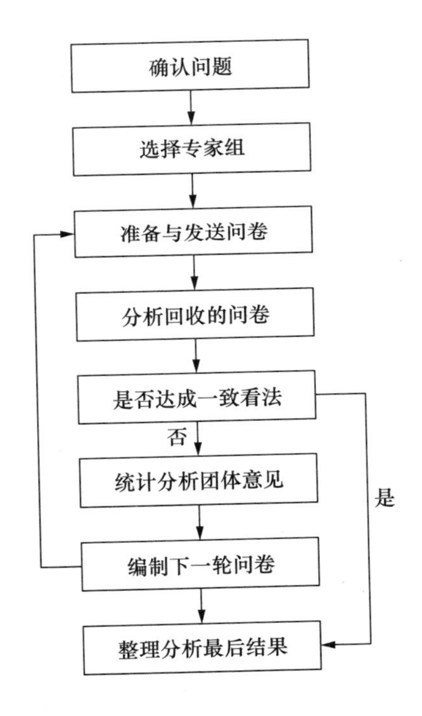

图 6－5　德尔菲法的实施步骤

需要我们注意下面的四点：

第一，并不是所有被预测的事件都要经过五步。可能有的事件在第三步就达到统一，而不必在第四步中出现。

第二，在第五步结束后，专家对各事件的预测也不一定都达到统一。不统一也可以用中位数和上下四分点来作结论。事实上，总会有许多事件的预测结果都是不统一的。

第三，必须通过匿名和函询的方式。

第四，要做好意见甄别和判断工作。

由此可见，德尔菲法是一种利用函询形式进行的集体匿名思想交流过程。它有三个明显区别于其他专家预测方法的特点，即匿名性、反馈性、统计性。

（1）匿名性。

因为采用这种方法时所有专家组成员不直接见面，只是通过函件交流，这样就可以消除权威的影响。这是该方法的主要特征。匿名是德尔菲法极其重要的特点，从事预测的专家彼此互不知道其他有哪些人参加预测，他们是在完全匿名的情况下交流思想的。后来改进的德尔菲法允许专家开会进行专题讨论。

（2）反馈性。

该方法需要经过3—4轮的信息反馈，在每次反馈中使调查组和专家组都可以进行深入研究，使最终结果基本能够反映专家的基本想法和对信息的认识，所以结果较为客观、可信。小组成员的交流是通过回答组织者的问题来实现的，一般要经过若干轮反馈才能完成预测。

（3）统计性。

最典型的小组预测结果是反映多数人的观点，少数派的观点至多概括地提及一下，但是这并没有表示出小组的不同意见的状况。而统计回答却不是这样，它报告1个中位数和2个四分点，其中一半落在2个四分点之内，一半落在2个四分点之外。这样，每种观点都包括在这样的统计中，避免了专家会议法只反映多数人观点的缺点。

德尔菲法具有如下基本特征：

（1）吸收专家参与预测，充分利用专家的经验和学识；

（2）采用匿名或背靠背的方式，能使每一位专家独立自由地作出自己的判断；

（3）预测过程经过几轮反馈，使专家的意见逐渐趋同。

德尔菲法的这些特点使它成为一种最为有效的判断预测法。

采用德尔菲法必须注意下面几条原则：

（1）挑选的专家应有一定的代表性、权威性。

（2）在进行预测之前，首先应取得参加者的支持，确保他们能认真地进行每一次预测，以提高预测的有效性。同时也要向组织高层说明预测的意义和作用，取得决策层和其他高级管理人员的支持。

（3）问题表设计应该措辞准确，不能引起歧义，征询的问题一次不宜太多，不要问那些与预测目的无关的问题，列入征询的问题不应相互包含；所提的问题应是所有专家都能答复的问题，而且应尽可能保证所有专家都能从同一角度去理解。

（4）进行统计分析时，应该区别对待不同的问题，对于不同专家的权威性应给予不同权数而不是一概而论。

（5）提供给专家的信息应该尽可能充分，以便其作出判断。

（6）只要求专家作出粗略的数字估计，而不要求十分精确。

（7）问题要集中，要有针对性，不要过分分散，以便使各个事件构成一个有机整体，问题要按等级排队，先简单后复杂；先综合后局部。这样易引起专家回答问题的兴趣。

（8）调查单位或领导小组意见不应强加于调查意见之中，要防止出现诱导现象，避免专家意见向领导小组靠拢，以致得出专家迎合领导小组观点的预测结果。

（9）避免组合事件。如果一个事件包括专家同意的和专家不同意的两个方面，专家将难以做出回答。

第七章　西部资源富集区生态文明建设评价实证研究

第一节　数据的标准化处理

本书分别选取榆林市和延安市 2005—2013 年九年的数据，三个二级指标，18 个三级指标。由于所选数据来自各个方面，计量单位存在差异，为了方便进行计算，同时具有可比较性，需要将各种数据统一口径。所以计算的第一步是将所有数据进行标准化。标准化的计算公式为：

标准化数据 =（各年度数据 - 数据的平均值）/数据标准差

根据以上方法将延安和榆林各年度的数据进行标准化，使不同数据指标能够统一量纲，为建立模型评价陕北生态文明提供标准化数据。

为求得标准化数据，首先求出陕北地区各个数据指标的平均值、方差和标准差在生态文明的评价体系中，以某三级指标 2005 年至 2013 年的数据为例，均值的计算公式如下：

$$EX = (x_{2005} + x_{2006} \cdots + x_{2013})/9$$

方差的计算公式为：

$$DX = \sum_{i=2005}^{2013} (x_i - EX)^2$$

式中，DX 为方差，EX 为均值。此外，在计算标准差时，将方差开方即可。根据以上公式，求得生态环境指标、社会指标、经济指标体系下的数据指标的均值、方差和标准差（如表 7 - 1 至表 7 - 6 所示）。

表 7-1　延安市生态环境指标数据的均值、方差和标准差

数据指标	园林绿化面积（平方米/人）	水污染损失占 GDP 比重（%）	固体废弃物损失占 GDP 比重（%）	大气污染损失占 GDP 比重（%）	环境投资占 GDP 比重（%）	生态破坏损失占 GDP 比重（%）
均值	4.4032	1.36	0.17	0.16	3.49	3.8000
方差	2.1498	0.00	0.00	0.00	0.08	0.3806
标准差	1.4662	0.50	0.04	0.07	2.77	0.6169

表 7-2　延安市社会指标数据的均值、方差和标准差

数据指标	人均供暖面积（平方米/人）	人体健康损失占 GDP 比重（%）	人均住房面积（平方米/人）	人均教育固定投资（万元）	每千人医疗机构床位（张）
均值	1.6012	0.80	23.3033	0.047	3.6386
方差	0.2068	0.00	12.4404	0.000	0.2986
标准差	0.4547	0.07	3.5271	0.0020	0.5465

表 7-3　延安市经济指标数据的均值、方差和标准差

数据指标	资源开采业投资占 GDP 比重(%)	单位 GDP 能耗（吨标准煤/万元 GDP)	单位 GDP 电耗(千瓦时/万元 GDP)	工业占 GDP 比重(%)	服务业占 GDP 比重(%)	人均 GDP（元）	GDP（亿元）
均值	0.28	0.79	560.18	71	19	39451.56	855.22
方差	0.01	0.02	1036.99	0.00	0.00	1.89×10^{8}	96429.3
标准差	0.09	0.14	32.2	0.02	0.02	13750.25	310.53

表 7-4　榆林市生态环境指标数据的均值、方差和标准差

数据指标	园林绿化面积（平方米/人）	水污染损失占 GDP 比重（%）	固体废弃物损失占 GDP 比重(%)	大气污染损失占 GDP 比重(%)	环境投资占 GDP 比重(%)	生态破坏损失占 GDP 比重(%)
均值	6.0092	2.76	0.79	1.90	0.0258	8.0611
方差	0.7764	0.02	0.00	0.01	0.0003	4.8096
标准差	0.8811	1.40	0.12	0.79	0.0176	2.1931

表 7－5　　榆林市社会指标数据的均值、方差和标准差

数据指标	人均供暖面积（平方米/人）	人体健康损失占 GDP 比重（%）	人均住房面积（平方米/人）	人均教育固定投资（万元）	每千人医疗机构床位（张）
均值	2.4296	0.97	26.9756	0.055	3.3103
方差	0.0072	0	14.1114	0.000	0.6335
标准差	0.0849	0.0009	3.7565	0.003	0.7959

表 7－6　　榆林市经济指标数据的均值、方差和标准差

数据指标	资源开采业投资占 GDP 比重（%）	单位 GDP 能耗（吨标准煤/万元 GDP）	单位 GDP 电耗（千瓦时/万元 GDP）	工业占 GDP 比重（%）	服务业占 GDP 比重（%）	人均 GDP（元）	GDP（亿元）
均值	0.1438	1.7121	1189.23	0.6469	0.2816	46077.1	1541.84
方差	0.0212	0.5177	172293.4	0.0027	0.0019	6.27×10^{8}	714808.8
标准差	0.1455	0.7195	415.08	0.0517	0.0432	25053.89	845.46

根据陕北地区各个数据指标的平均值、方差和标准差，通过 Z 分数法（具体可以参见前一章中关于 Z 分数法的介绍）可以求得陕北延安市和榆林市各个数据指标的标准化数据，具体数据如表 7－7 至表 7－12 所示。

表 7－7　　延安市生态环境指标标准化数据　（单位：平方米;%）

数据指标	园林绿化面积	水污染损失占 GDP 比重	固体废弃物损失占 GDP 比重	大气污染损失占 GDP 比重	环境投资占 GDP 比重	生态破坏损失占 GDP 比重
2005	1.41	0.78	0.46	1.44	0.98	1.38
2006	1.40	1.26	1.09	0.12	0.80	1.35
2007	0.53	0.53	0.71	0.15	0.72	0.23
2008	0.20	0.37	0.73	0.44	0.32	0.02
2009	0.20	0.11	0.50	0.49	0.49	0.52
2010	0.56	0.20	0.96	0.63	0.08	0.34
2011	0.97	1.18	1.26	0.73	0.45	0.83
2012	1.08	1.22	1.63	0.84	0.66	1.17
2013	1.12	1.57	0.35	1.95	2.21	1.35

表 7－8　　延安市社会指标标准化数据　（单位：平方米/人;%）

数据指标	人均供暖面积（平方米/人）	人体健康损失占GDP比重（%）	人均住房面积（平方米/人）	人均教育固定投资（万元）	每千人医疗机构床位（张）
2005	2.27	1.08	0.93	1.09	1.11
2006	1.11	1.31	1.19	1.93	0.83
2007	0.84	0.98	0.91	0.04	0.67
2008	0.67	0.56	0.65	0.39	0.58
2009	0.35	1.38	0.11	0.92	0.39
2010	0.23	0.20	0.23	0.45	0.11
2011	0.29	0.64	0.88	0.52	0.38
2012	0.31	0.93	1.27	0.43	1.21
2013	0.32	0.79	1.42	1.20	1.88

表 7－9　　延安市经济指标标准化数据

数据指标	资源开采业占GDP比重（%）	单位GDP能耗（吨标准煤/万元GDP）	单位GDP电耗（千瓦时/万元GDP）	工业占GDP比重（%）	服务业GDP占比重（%）	人均GDP（元）	GDP（亿元）
2005	0.45	1.32	0.33	0.46	0.56	1.41	1.40
2006	0.69	1.12	0.33	1.31	1.17	0.95	0.95
2007	0.37	0.80	0.33	1.39	1.33	0.62	0.63
2008	0.74	0.50	0.33	1.02	1.02	0.27	0.29
2009	0.50	0.22	0.33	1.33	1.61	0.38	0.39
2010	2.33	0.74	0.33	0.86	0.77	0.08	0.09
2011	0.59	0.91	0.33	0.23	0.05	0.78	0.78
2012	0.63	1.07	2.67	0.12	0.04	1.26	1.26
2013	0.46	1.24	0.33	0.72	0.56	1.51	1.51

表 7－10　　榆林市生态环境指标标准化数据　单位：（平方米;%）

数据指标	园林绿化面积	水污染损失占GDP比重	固体废弃物损失占GDP比重	大气污染损失占GDP比重	环境投资占GDP比重	生态破坏损失占GDP比重
2005	2.00	0.44	0.10	0.90	2.40	1.18
2006	1.39	1.31	1.32	0.62	0.42	1.62
2007	0.18	0.30	1.93	0.27	0.34	0.78

续表

数据指标	园林绿化面积	水污染损失占 GDP 比重	固体废弃物损失占 GDP 比重	大气污染损失占 GDP 比重	环境投资占 GDP 比重	生态破坏损失占 GDP 比重
2008	0.78	0.66	0.28	0.37	0.09	0.05
2009	0.25	0.69	0.19	0.25	0.67	0.08
2010	0.17	0.89	0.50	0.82	0.42	0.74
2011	0.74	0.96	1.23	1.01	0.62	0.99
2012	0.66	0.08	0.62	1.19	0.79	0.46
2013	0.61	1.83	0.52	1.85	0.56	1.27

表 7-11　榆林市社会指标标准化数据

数据指标	人均供暖面积（平方米/人）	人体健康损失占 GDP 比重（%）	人均住房面积平方米/人	人均教育经费（万元）	每千人医疗机构床位（张）
2005	0.20	0.76	2.10	2.03	1.34
2006	0.24	1.11	0.98	1.17	1.24
2007	0.19	1.18	0.37	0.16	0.82
2008	2.25	0.62	0.03	0.08	0.11
2009	0.15	0.14	0.51	0.19	0.13
2010	0.22	1.29	0.57	0.30	0.36
2011	0.71	1.48	0.86	0.38	0.72
2012	0.96	0.53	0.54	1.02	1.13
2013	1.15	0.51	0.94	1.08	1.43

表 7-12　榆林市经济指标标准化数据

数据指标	资源开采业占 GDP 比重（%）	单位 GDP 能耗（吨标准煤/万元 GDP）	单位 GDP 电耗（千瓦时/万元 GDP）	工业占 GDP 比重（%）	服务业 GDP 占比（%）	人均 GDP（元）	GDP（亿元）
2005	0.75	1.11	0.92	1.72	1.72	1.22	1.22
2006	0.54	0.99	1.11	1.22	1.26	1.06	1.06
2007	2.48	0.88	1.30	0.61	0.59	0.83	0.83
2008	0.52	0.67	0.61	0.31	0.39	0.41	0.41
2009	0.32	0.50	0.04	0.08	0.08	0.27	0.27
2010	0.71	0.96	1.10	0.46	0.47	0.24	0.24

续表

数据指标	资源开采业占 GDP 比重（%）	单位 GDP 能耗（吨标准煤/万元 GDP）	单位 GDP 电耗（千瓦时/万元 GDP）	工业占 GDP 比重（%）	服务业 GDP 占比（%）	人均 GDP（元）	GDP（亿元）
2011	0.37	1.01	0.94	0.97	0.96	0.84	0.84
2012	0.02	1.06	0.90	1.19	1.18	1.26	1.26
2013	0.02	1.11	0.97	0.69	0.65	1.45	1.46

通过数据的标准化，可以使生态文明评价体系中不同单位的数据转化为无量纲数据，求得二级指标和三级指标的权重，为进一步使用指数与综合指数法、功效函数法以及 TOPSIS 法进行生态文明体系评价提供数据基础。

第二节　评价指标体系的权重确定

在权重的确立中，为避免过多的主观性，课题组通过变异系数法来确立三级指标的权重值，并根据三级指标的权重值加总获得二级指标的数值，再次通过变异系数法来确定二级指标的权重。

表 7－13　　2005—2013 年三级指标生态环境指标的权重值

（单位：平方米；%）

年份	地区	园林绿化面积	水污染损失占 GDP 比重	固体废弃物损失占 GDP 比重	大气污染损失占 GDP 比重	环境投资占 GDP 比重	生态破坏损失占 GDP 比重
2005	延安	0.04	0.04	0.05	0.06	0.07	0.02
	榆林	0.06	0.02	0.01	0.04	0.18	0.02
2006	延安	0.00	0.01	0.03	0.02	0.07	0.04
	榆林	0.00	0.01	0.04	0.13	0.04	0.05
2007	延安	0.04	0.02	0.05	0.01	0.04	0.02
	榆林	0.01	0.01	0.13	0.01	0.02	0.06
2008	延安	0.02	0.01	0.04	0.01	0.03	0.00
	榆林	0.06	0.03	0.02	0.00	0.01	0.00
2008	延安	0.00	0.01	0.02	0.02	0.01	0.04
	榆林	0.00	0.06	0.01	0.01	0.01	0.01

续表

年份	地区	园林绿化面积	水污染损失占 GDP 比重	固体废弃物损失占 GDP 比重	大气污染损失占 GDP 比重	环境投资占 GDP 比重	生态破坏损失占 GDP 比重
2009	延安	0.00	0.01	0.02	0.02	0.01	0.04
	榆林	0.00	0.06	0.01	0.01	0.01	0.01
2010	延安	0.04	0.02	0.04	0.01	0.01	0.02
	榆林	0.01	0.08	0.02	0.02	0.04	0.04
2011	延安	0.03	0.03	0.00	0.03	0.02	0.02
	榆林	0.02	0.02	0.00	0.04	0.02	0.02
2012	延安	0.04	0.15	0.10	0.02	0.01	0.07
	榆林	0.02	0.01	0.04	0.03	0.01	0.03
2013	延安	0.08	0.03	0.02	0.01	0.33	0.01
	榆林	0.05	0.04	0.02	0.01	0.08	0.01

表 7-14　　2005—2013 年三级指标社会指标的权重值

年份	地区	人均供暖面积（平方米/人）	人体健康损失占 GDP 比重（%）	人均住房面积（平方米/人）	人均教育经费（万元）	每千人医疗机构床位（张）
2005	延安	0.34	0.03	0.06	0.06	0.02
	榆林	0.03	0.02	0.14	0.11	0.02
2006	延安	0.21	0.03	0.03	0.14	0.05
	榆林	0.05	0.03	0.03	0.08	0.07
2007	延安	0.08	0.01	0.06	0.00	0.01
	榆林	0.02	0.02	0.02	0.01	0.01
2008	延安	0.05	0.00	0.08	0.04	0.05
	榆林	0.17	0.00	0.00	0.01	0.01
2008	延安	0.02	0.12	0.01	0.07	0.02
	榆林	0.01	0.01	0.04	0.01	0.01
2009	延安	0.02	0.12	0.01	0.07	0.02
	榆林	0.01	0.01	0.04	0.01	0.01
2010	延安	0.00	0.02	0.01	0.01	0.01
	榆林	0.00	0.13	0.03	0.01	0.03

续表

年份	地区	人均供暖面积（平方米/人）	人体健康损失占 GDP 比重（%）	人均住房面积（平方米/人）	人均教育经费（万元）	每千人医疗机构床位（张）
2011	延安	0.03	0.06	0.00	0.02	0.03
	榆林	0.07	0.14	0.00	0.01	0.05
2012	延安	0.02	0.04	0.07	0.02	0.01
	榆林	0.07	0.02	0.03	0.06	0.01
2013	延安	0.05	0.04	0.07	0.02	0.06
	榆林	0.16	0.03	0.05	0.02	0.05

表 7－15　　2005—2013 年三级指标经济指标的权重值

年份	地区	资源开采业占 GDP 比重（%）	单位 GDP 能耗（吨标准煤/万元 GDP）	单位 GDP 电耗（千瓦时/万元 GDP）	工业占 GDP 比重（%）	服务业占 GDP 比重（%）	人均 GDP（元）	GDP（亿元）
2005	延安	0.02	0.02	0.03	0.05	0.05	0.02	0.02
	榆林	0.03	0.02	0.08	0.18	0.15	0.02	0.01
2006	延安	0.02	0.02	0.05	0.01	0.01	0.02	0.02
	榆林	0.02	0.02	0.18	0.01	0.01	0.02	0.02
2007	延安	0.04	0.01	0.03	0.08	0.08	0.01	0.01
	榆林	0.28	0.01	0.12	0.04	0.03	0.02	0.02
2008	延安	0.02	0.01	0.01	0.07	0.06	0.01	0.01
	榆林	0.01	0.01	0.02	0.02	0.02	0.01	0.01
2008	延安	0.01	0.01	0.03	0.13	0.16	0.01	0.01
	榆林	0.01	0.02	0.00	0.01	0.01	0.01	0.01
2009	延安	0.01	0.01	0.03	0.13	0.16	0.01	0.01
	榆林	0.01	0.02	0.00	0.01	0.01	0.01	0.01
2010	延安	0.17	0.01	0.02	0.04	0.03	0.01	0.01
	榆林	0.05	0.02	0.08	0.02	0.02	0.02	0.01
2011	延安	0.03	0.01	0.04	0.03	0.01	0.01	0.01
	榆林	0.02	0.01	0.10	0.14	0.20	0.01	0.01
2012	延安	0.08	0.00	0.19	0.01	0.01	0.00	0.00
	榆林	0.00	0.00	0.06	0.14	0.16	0.00	0.00
2013	延安	0.11	0.02	0.04	0.00	0.01	0.01	0.01
	榆林	0.00	0.02	0.12	0.00	0.01	0.01	0.01

根据表 7 – 13 至表 7 – 15 的三级指标的权重值相加可以得出陕北地区生态文明评价体系中二级指标的权重值，再通过 Z 分数法可以求得其权重值（如表 7 – 16 所示）。

表 7 – 16　2005—2013 年陕北生态文明评价指标体系二级指标权重

年份	生态环境指标	社会指标	经济指标
2005	0. 1791	0. 0124	0. 8079
2006	0. 2113	0. 5822	0. 2064
2007	0. 3354	0. 2845	0. 3800
2008	0. 1934	0. 2088	0. 5976
2009	0. 0391	0. 4663	0. 4945
2010	0. 1994	0. 6224	0. 1781
2011	0. 0221	0. 4602	0. 5176
2012	0. 9394	0. 0140	0. 0465
2013	0. 7294	0. 2676	0. 0029

通过变异系数法可以有效地计算出陕北生态文明评价体系的三级以及二级指标的权重，根据指标的权重进一步使用指数与综合指数法、功效函数法以及 TOPSIS 法进行生态文明体系评价。

第三节　基于指数与综合指数法的生态文明建设评价

指数与综合指数法是指在确定一套合理的经济效益指标体系的基础上，对各项经济效益指标个体指数加权平均，计算出经济效益综合值，用以综合评价经济效益的一种方法。即将一组相同或不同指数值通过统计学处理，使不同计量单位、性质的指标值标准化，最后转化成一个综合指数，以准确地评价工作的综合水平。综合指数值越大，工作质量越好，指标多少不限。但是我们用这个方法来评价的是整体的经济损失，所以综合指数越大，说明经济损失越多。

首先，在数据都进行了标准化的前提下，分别计算延安和榆林地区各年度三级指标的均值、方差、标准差，其中变异系数 = 标准差/均值，权重 = 变异系数/绝对引用变异系数。各地区各年度的赋权 = 各地区各年度的权重 × 相对应地区年度的标准化数据。

其次，分别计算延安和榆林地区的三个二级指标，以延安为例，计算方法为，各个二级指标 = 各分支下的三级指标标准化数据之和。同理可得榆林地区的三个二级指标，再用二级指标的数据计算相对应的均值、方差、标准差变异系数和权重。其中二级指标的综合赋权 = 各个指标下的三级指标赋权之和。

最后，计算两个地区的综合指标，计算方法为：

各年度各地区的综合指标 = 各二级指标权重 × 相对应的综合赋权

这样分别计算出延安和榆林 2005—2013 年的综合指标，最终结果如表 7 – 17 所示。

表 7 – 17　　基于指数与综合指数法的生态文明指数

年份	2005	2006	2007	2008	2009	2010	2011	2012	2013
延安	0. 22602	0. 29066	0. 20099	0. 16829	0. 28896	0. 15052	0. 134	0. 30074	0. 57734
榆林	0. 43484	0. 23288	0. 31950	0. 14748	0. 07761	0. 18991	0. 37537	0. 20914	0. 21997

为了更为直观地对比两地区结果的不同，将表 7 – 17 绘制成折线图，如图 7 – 1 所示。

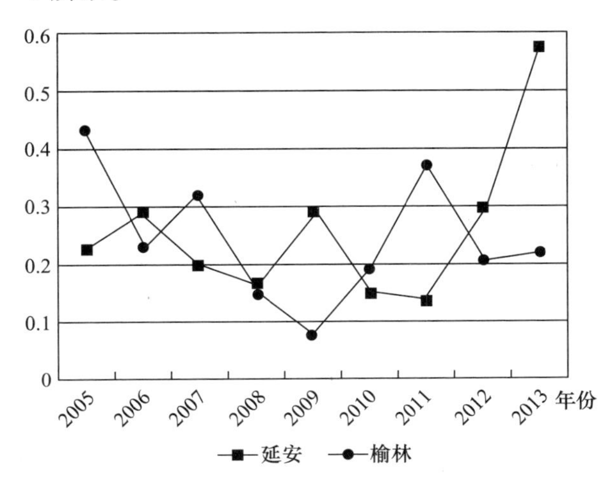

图 7 – 1　基于指数与综合指数法的生态文明指数

由图 7 - 1 可以看出，在 2005—2013 年间，从大的方向看，延安和榆林地区的整体经济损失不算特别大，只是在小范围内的波动，但是延安和榆林这两个城市的情况又有所不同，延安地区在 2011 年以前损失相对来说比较小，但是 2012 年和 2013 年这两年，整体经济损失大幅度上升，特别是 2013 年，上升幅度特别大，趋势明显。其主要原因有如下几点：

（1）与以前相比，虽然现在环保意识有所增加，但是整体上环保意识还是比较薄弱的，特别是在这种追求经济利益、保经济增长率的大的环境下，城镇化进程加快，城市工业化也不断加快等，伴随而来的各种环境破坏状况增加。这不仅影响近处城镇的容貌、远处的市区环境，还对大气、地表和地下水造成了严重污染。

（2）延安市位于陕西黄土高原中部，属典型的暖温带与中温带过渡区的西北干旱气候，2013 年 7 月 3 日以来百年不遇的持续性强降雨，在陕北黄土高原延安地区引发了大量的崩塌滑坡泥石流地质灾害，造成严重的财产损失和人员伤亡。持续强降雨造成大量的窑洞房屋坍塌，道路损毁，交通中断，电力、通信设施破坏。受损淤地坝 500 余处、水库 22 座。此次灾害有暴雨时长、频率和雨量创历史新高，灾害影响范围广，社会财富损失惨重等特点。除此之外还有特大暴雨引发形成复合型自然灾害，大大加剧灾情和生命财产损失。这造成很多不必要的经济损失，这种情况可能短时间内还会持续。

而榆林地区，2005—2007 年经济损失相对比较大，但是接下来的几年，经济损失下降，整体呈现出损失走低趋势，这跟榆林政府不遗余力地坚持节能减排和环境保护的政策息息相关。榆林政府把环境保护和污染减排作为转方式、调结构的重要抓手，环境质量佐证污染减排效果，在 2014 年度全省碳强度降低目标完成情况考核中获得优秀等级，全年优良天数达到 336 天，创有监控记录以来最好水平，实现经济发展与蓝天碧水共赢。其中工业方面，推进工业“三废”治理。全市共建成生活污水处理厂 15 座，除尘设施 230 套，脱硫设施 92 套，建成工业废水处理设施 360 多套。目前榆林市有规模工业固体废弃物产生单位有 190 家，年产煤矸石、粉煤灰、炉渣和冶炼废渣 1400 万吨，其中综合利用 1220 万吨，综合利用率达到了 87%。

此外，还有煤炭行业的衰落。榆林地区煤炭行业比较发达，特别是前几年，大规模的过度开发，对环境、健康等问题不可避免地造成损害，但是随着煤炭行业的衰落，煤炭的需求量锐减，使经济结构有一定程度的改变，这明显地减少了医疗、污染等方面造成的经济浪费。

第四节　基于功效函数法的生态文明建设评价

功效函数法，它是根据多目标规划原理，对每一项评价指标确定一个满意值和不允许值，以满意值为上限，以不允许值为下限，计算各指标实现满意值的程度，并以此确定各指标的分数，再经过加权平均进行综合，从而评价被研究对象的综合状况。运用功效函数法进行业绩评价，企业中不同的业绩因素得以综合，包括财务的和非财务的、定量的和非定量的。

功效函数法的使用，是建立在利用前面指数与综合指数法中数据标准化后的基础上，运用标准化后的数据来计算。要想得到最终结果，需要计算各个地区以及各个三级指标对应的正指标、逆指标、正指标距和逆指标距，其中正指标是指那些对环境有益的指标，如园林绿化面积、环境投资占比等。逆指标是指对环境带来损害的一些指标，如水污染损失占 GDP 比重、固体废弃物损失占 GDP 比重等。正指标以延安地区园林绿化面积为例，逆指标以水污染损失占比为例，计算方法如下：

正指标计算方法

$X_i^{(g)} = \max(x_{i1}, x_{i2}, \cdots, x_{ij})$

$X_i^{(b)} = \min(x_{i1}, x_{i2}, \cdots, x_{ij})$

逆指标计算方法

$X_i^{(g)} = \min(x_{i1}, x_{i2}, \cdots, x_{ij})$

$X_i^{(b)} = \max(x_{i1}, x_{i2}, \cdots, x_{ij})$

其中，x_{i1}，x_{i2}，$x_{i3}\cdots$，x_{ij}都是标准化过后的数据，

正指标 d_i = [（标准化数据 - 正指标 $X_i^{(b)}$）/（正指标功效函数 $X_i^{(g)}$ - $X_i^{(b)}$）] ×0.4 +0.6

逆指标 d_i = [（标准化数据 - 逆指标 $X_i^{(b)}$）/（逆指标功效函数 $X_i^{(g)}$ - $X_i^{(b)}$）] ×0.4 +0.6

列表中的三级权重是由指数与综合指数法算的。最终各年度各地区的综合指标的计算方法是：

综合指标 = 正指标功效函数 × 逆指标功效函数

通过计算，最终得到的数据如表 7 – 18 所示。

表 7 – 18　　　　基于功效函数的生态文明指数

年份	2005	2006	2007	2008	2009	2010	2011	2012	2013
延安	0. 87393	0. 87009	0. 81594	0. 75460	0. 76608	0. 74432	0. 77030	0. 74990	0. 88243
榆林	0. 82729	0. 75435	0. 66799	0. 73455	0. 80097	0. 71585	0. 75540	0. 84388	0. 80746

为了看起来更直观，将数据表绘制成折线图，如图 7 – 2 所示。

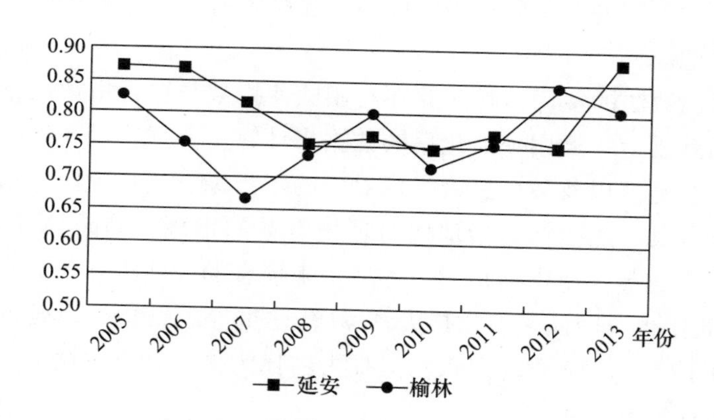

图 7 – 2　基于功效函数法的生态文明指数

表 7 – 18 的数值是经济加权计算出的分数，数字越高，说明情况越满意，整体来看表中的数据都趋近于 1，这说明整体上经济损失的情况不是特别严重，再分析两个城市的差别，延安地区，2005 年、2006 年、2007 年三年得分相对来说比较高，而后来的几年得分呈现出下降趋势，说明由各种污染所造成的经济损失有所增加。但 2013 年这一年有所好转。而榆林地区，从整体趋势上看，综合得分呈现上升趋势，说明由各种因素造成的不必要的经济损失呈现下降趋势。

对比这个指标结果和指数与综合指数法的结果可以看出，在评价结果上具有一致性。从整体上看，经济损失不是特别严重，但是延安和榆林这两个城市的具体情况不太一样，延安地区的经济损失呈上升趋势，而榆林地区呈下降趋势。

比较两个地区的综合结果，可以看出，两个地区相对应的年份的无谓损失量几乎持平，与指数与综合指数法得出的结果有一定的出入，根据具体事实发现2013年延安地区出现了较大的地质灾害，很多指标内的损失值都应该大幅度地增加，从而使延安和榆林地区的对比相对明显，会出现较大的差异。由此可见指数与综合指数法更贴近实际情况。

第五节　基于TOPSIS法的生态文明建设评价

TOPSIS法是一种逼近于理想解的排序法，该方法只要求各效用函数具有单调递增（或递减）性就行。TOPSIS法是多目标决策分析中一种常用的有效方法，又称为优劣解距离法。其基本原理是通过检测评价对象与最优解、最劣解的距离来进行排序，若评价对象最靠近最优解同时又最远离最劣解，则为最好；否则为最差。其中最优解的各指标值都达到各评价指标的最优值。最劣解的各指标值都达到各评价指标的最差值。

TOPSIS法的各种计算也是运用标准化后的数据。首先运用指数与综合指数法里面计算出来的三级权重，利用三级权重来计算Y值，计算方法为：

Y = 各年度标准化数据 × 相对应的三级权重

利用上面计算出来的Y值，计算出正理想解和负理想解，其中正理想解是对应三级指标的Y值中的最大值，而负的理想解是对应三级指标的Y最小值，用公式表示为：

$$A^{+}=(y_1^{+}, y_2^{+}, \cdots, y_n^{+}), A^{-}=(y_1^{-}, y_2^{-}, \cdots, y_n^{-})$$

其中，$y_j^{+}=\max\limits_{1<i<m}\{y_{ij}\}$，$y_j^{-}=\min\limits_{1<i<m}\{y_{ij}\}$。

接下来计算到正理想的距离和到负理想的距离。计算到正理想的距离需要先把各年度计算的Y值加和，各个三级指标的绝对引用的正理想解加和，求两组对应的数组做差的平方和，再求标准差而得到。而负理想的距离，也是先求各年度Y值加和，然后计算各个三级指标的绝对引用的负理想解加和，最后求两者对应数的差的平方和。用公式表示为：

$$d_i^+ = \sqrt{\sum_{j=1}^{n}(y_{ij} - y_j^+)^2}(i = 1,2,\cdots,m;j = 1,2,\cdots,n)$$

$$d_i^- = \sqrt{\sum_{j=1}^{n}(y_{ij} - y_j^-)^2}(i = 1,2,\cdots,m;j = 1,2,\cdots,n)$$

最终计算出相对贴进度 C_i^+，最终计算出来的贴进度越接近 1 越好。

$$C_i^+ = \frac{d_i^-}{d_i^+ + d_i^-}(i=1,\ 2,\ \cdots,\ m;\ j=1,\ 2,\ \cdots,\ n)$$

通过复杂的计算，得出最终的综合评价结果，如表 7 - 19 所示。

表 7 - 19　　基于 TOPSIS 法的生态文明指数

年份	2005	2006	2007	2008	2009	2010	2011	2012	2013
延安	0. 5296	0. 6665	0. 7575	0. 7803	0. 6566	0. 7598	0. 8628	0. 6970	0. 5190
榆林	0. 5130	0. 6759	0. 5284	0. 7288	0. 8816	0. 7333	0. 5816	0. 6599	0. 7003

为了更为直观，将表 7 - 19 中的数据绘制成折线图，如图 7 - 3 所示：

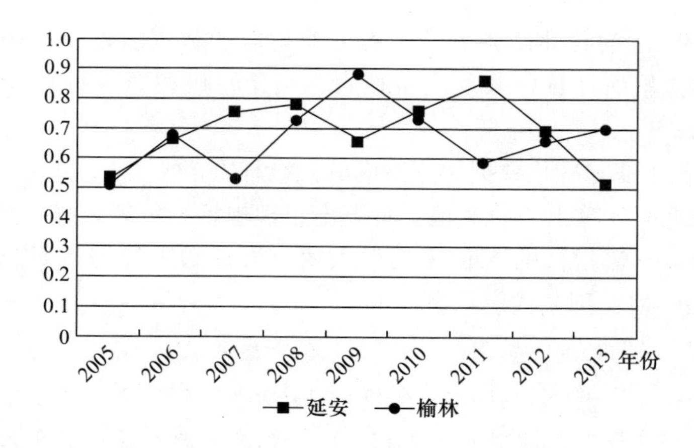

图 7 - 3　基于 TOPSIS 法的生态文明指数

从图 7 - 3 可以看出，最终计算出来的贴进度都在 0. 5 以上，说明整体上经济损失还是可以接受的，但是不同的城市有不同的表现。比如延安，从2005年到2011年有上升趋势，但是从2011年又开始下降，说明延安地区的各种污染所带来的经济损失有上升的趋势。而榆林地区，相对贴进度呈现出小范围的波动，但是整体呈现出下降趋势，这表明榆林地区整体上由各种污染所带来的经济损失呈下降趋势。

综合对比三种指标的分析结果可以看出，三种指标在评价各种污染等带来的经济损失上具有一致性。从整体上看，综合指数有先增加后减少的现象，特别是2009年榆林地区尤为突出，众所周知，榆林地区富有，主要靠煤矿，经济增长也主要靠煤炭经济拉动，2009年和2010年煤炭价格达到最高点，从2011年下半年开始，煤炭价格一路大幅度下跌，例如，原先有一个煤炭储量在2000多万吨的煤矿，2011年被人以29亿元的价格买下，现在的市场价不到9亿元。统计显示，截止到2014年在榆林市200多家煤矿企业中，有2/3已经停产。煤矿大面积的停产，由煤矿开采带来的环境问题就会有所改善。中国目前采用的煤矿开采技术多为井下开采，在井下作业过程中会有部分有毒气体产生，用通风方式将井下有害气体抽出排入大气中，那么这也就给大气环境造成了一定污染。在煤矿开采中，矿井水是排放量最大的一种废水，这种矿井水对于地表河流等其他水资源都会产生极大污染。当煤矿停产时这些污染就会减少很多。所以2009年以后，各种无谓损失的综合指数又逐渐下降，当然，这与当地政府积极实施改善环境的措施也是密切相关的。

通过分析三种指标的综合结果可以看出，指标在大趋势上具有一致性，反映总体情况，但是如果细分，每种指标都能反映一定的事实，具有一定的可参考性，但是每种指标可能不能全面反映所有的信息，部分信息得到真实的反映，而某些信息可能有所忽略。所以，为了全面地分析真实情况，应综合分析三种指标，并分析对应的现实问题。

第八章　生态文明研究的尝试与拓展

第一节　生态文明与生态价值量测度研究

一　生态价值视角下我国生态文明测度

（一）方法介绍

Costanza 等开创性地提出了生态系统价值评估的原理和方法，通过将生态系统服务划分为四大类 17 小类，并设定森林、湿地、草地等生态系统服务价值当量，奠定了生态系统服务价值测算的基础。该方法已成为国际上生态价值评估应用最广泛的方法。Groot 等和 MA 在 Costanza 等的研究基础上，进一步将全球生态系统服务细分为 23 类和 31 类，对全球生态系统服务价值进行了测算，Costanza 等又基于 2011 年全球数据进一步对其 1997 年所测算的全球生态系统服务价值进行了重新测算，发现生态系统单位面积生态价值发生变化，但基本状况变化较小。谢高地等沿用 Costanza 等的思路，在 2002 年和 2007 年分两次对 700 位拥有生态学知识的学者进行问卷调查，量化了单位面积的森林、湿地、河流湖泊、草地、农田和荒漠六类生态系统的生态价值当量，其测算结果成为我国生态系统服务价值评估引用最多的方法体系，谢高地等通过地理信息空间分析方法进一步完善了单位面积价值当量测算体系，构建了动态评估方法。表 8－1 给出了 Costanza 等、谢高地等的六类生态系统价值当量（以森林生态价值为 1 进行归一化处理）测算结果。国内其他学者也对生态价值当量进行了测算，但生态系统单元的划分略有不同，他们将生态系统单元分为林地、水田、其他农地、自然草地、农牧地、园地、城市绿地和水域八类进行测算。尽管在谢高地等测算之后其他学者也对生态系统价值当量进行了测算，并且各个学者测算的生态价值当量存在一定的差异，但谢高地等人的测算结果因其影响力而被许多学者广泛应用，作为跨区域生态补偿的标准。这为本书基于价值量视角研究我国生态文明现状提供了方法和技术基础。

表 8 - 1　　生态价值当量归一化数据

生态价值当量	森林	草地	农田	湿地	河流/湖泊	荒漠
Costanza 等（1997）	1	0.25	0.09	2.35	0.97	0
Costanza 等（2014）	1	0.29	0.11	2.41	1.08	0
谢高地等（2002）	1	0.42	0.2	2.41	4.99	0.02
谢高地等（2007）	1	0.42	0.28	1.95	1.61	0.05
谢高地等（2015）	1	0.46	0.10	0.68	1.73	0.01

（二）生态价值量的测算

采用谢高地等的价值当量测算结果对各省的生态价值当量进行测算，用各省森林、草地、农田、湿地、河流（湖泊）、荒漠的面积乘以相应的生态价值当量并加总，可以得到各省总的生态系统价值当量，各类型土地面积数据是根据历年 Landsat 卫星 TM 影像图，通过运用 Envi4.8 遥感图像解译软件和 ArcGIS9.3 地理信息分析软件对土地利用类型划分得到的。关于单位生态系统价值当量的经济价值量，1997 年 Costanza 等认为是 54 美元，谢高地等计算 2007 年我国单位生态价值当量因子的经济价值为 449.1 元。本书以 2007 年单位价值当量经济价值为 449.1 元为基础，采用农业生产资料价格指数测算 2003—2014 年单位价值当量的经济价值，根据《中国统计年鉴》（2008—2014）公布的数据可知，我国各省份的农业生产资料平均价格水平与全国的平均水平较为接近，因此不再单独计算各省的农业生产资料价格指数，统一采用全国价格指数计算。2003—2014 年生态价值当量的经济价值变化如图 8 - 1所示。

将测算的各省的价值当量与对应的经济价值相乘，可得到各省生态价值量，部分年份的生态价值量如表 8 - 2 所示。由表 8 - 2 可以看出，我国的生态文明建设和物质文明建设是存在明显的空间错配的，物质文明高度发达的上海、北京、浙江等省份是我国生态价值量最少的省市；而物质文明发展较为落后的内蒙古、西藏和新疆是我国生态价值量最高

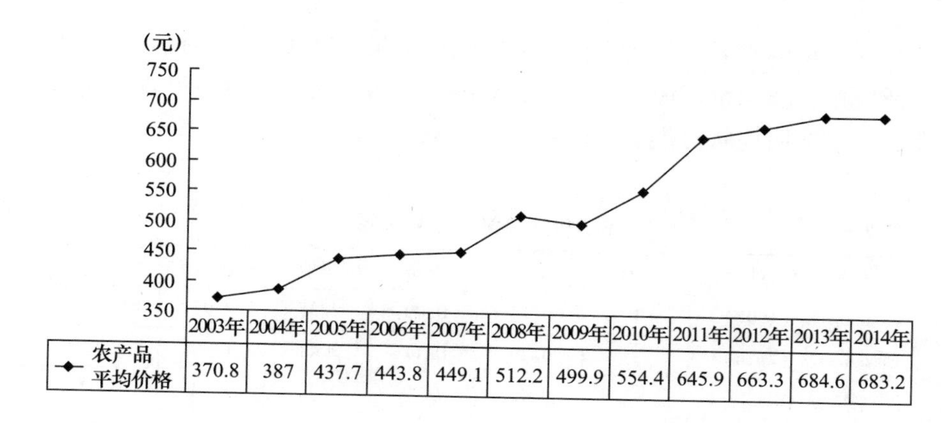

图 8－1　2003—2014 年单位生态价值当量的经济价值

的地区。就各省市的生态价值量增长情况看，物质文明（经济发展）增长最快的省市的生态价值量增长最低，如北京、天津和上海三个直辖市的生态价值量年均增长率仅为0.27%、0.26%和0.3%；而物质文明相对落后的地区生态价值量增长是最高的，如内蒙古、西藏、新疆、青海和黑龙江等省份和自治区，尤其是内蒙古的生态价值量年均增长率在20%以上。

表 8－2　　部分年份生态价值量测算　　单位：亿元

省份	2003	2005	2007	2009	2011	2013	2014	均值	年均增长率（%）
北京	2.70	3.25	3.39	3.98	5.42	5.91	5.94	4.25	0.27
天津	3.45	3.99	4.02	4.42	5.67	6.26	6.54	4.76	0.26
河北	31.69	38.03	39.73	45.10	59.47	64.13	64.32	47.74	2.72
辽宁	38.52	45.60	46.93	52.53	68.39	72.80	72.75	55.56	2.85
上海	4.43	5.19	5.29	5.84	7.52	8.02	8.05	6.20	0.30
江苏	32.21	37.79	38.54	42.85	55.44	58.76	58.61	45.37	2.20
浙江	36.52	43.16	44.35	49.45	64.03	68.16	68.13	52.27	2.63
福建	42.52	50.03	51.17	56.85	73.33	77.70	77.57	60.06	2.92
山东	34.47	40.90	42.17	47.29	61.76	65.89	65.88	50.07	2.62
广东	55.36	65.46	67.35	75.15	97.37	103.90	104.08	79.47	4.06
海南	11.97	14.18	14.59	16.35	21.30	22.69	22.66	17.29	0.89
东部平均	26.71	31.60	32.50	36.35	47.25	50.38	50.41	38.46	1.97
山西	17.18	19.94	20.10	22.44	29.18	31.16	31.21	23.92	1.17

续表

省份	2003	2005	2007	2009	2011	2013	2014	均值	年均增长率（%）
吉林	46.21	54.60	56.07	62.43	80.84	85.84	85.75	65.98	3.30
黑龙江	134.41	159.67	164.86	184.31	239.49	254.98	254.88	194.66	10.04
安徽	29.23	34.52	35.42	39.58	51.48	54.90	54.95	41.93	2.14
江西	49.54	58.75	60.56	67.91	88.49	94.27	94.18	71.79	3.72
河南	27.19	31.98	32.66	37.02	48.96	52.49	52.40	39.45	2.10
湖北	38.23	45.70	47.48	53.75	70.75	75.85	75.89	56.88	3.14
湖南	48.99	58.63	60.97	68.89	90.45	97.10	97.38	72.87	4.03
中部平均	48.87	57.97	59.77	67.04	87.46	93.32	93.33	70.94	3.70
内蒙古	257.38	306.41	317.00	355.47	463.85	496.36	497.85	376.11	20.04
广西	53.41	66.11	70.99	82.63	111.55	120.99	120.95	87.16	5.63
重庆	8.82	13.71	17.46	20.86	28.88	31.97	32.25	21.29	1.95
四川	111.06	130.34	132.95	150.59	198.20	212.26	212.21	160.15	8.43
贵州	27.31	33.50	35.66	41.48	56.03	60.85	60.90	43.90	2.80
云南	78.74	95.75	101.13	116.18	155.00	167.08	167.03	122.72	7.36
西藏	221.01	261.04	268.01	298.70	386.52	410.07	409.40	315.40	15.70
陕西	43.34	51.30	52.76	60.18	79.73	85.48	85.40	63.91	3.51
甘肃	63.32	64.61	49.91	64.12	102.59	110.45	110.53	77.70	3.93
青海	150.73	176.97	180.60	200.32	258.00	275.17	276.86	212.19	10.51
宁夏	8.83	10.37	10.58	11.88	15.50	16.58	16.64	12.62	0.65
新疆	144.26	172.11	178.45	200.51	261.52	278.97	278.89	211.61	11.22
西部平均	97.35	115.19	117.96	133.58	176.45	188.85	189.08	142.06	7.64
全国均值	59.78	70.76	72.62	81.91	107.64	115.07	115.16	86.94	4.62

2003—2014 年我国生态价值量整体均值和东中西三大区域的均值如图 8－2 所示，可以看到，西部地区的生态价值量要远高于东部地区和中部地区，东部地区的生态价值均值从 2003 年的 26.71 亿元增长到 2014 年的 50.41 亿元；中部地区的生态价值量从 2003 年的 48.87 亿元增长到 2014 年的 93.33 亿元；西部地区的生态价值量从 2003 年的 97.35 亿元增长到 2014 年的 189.08 亿元。

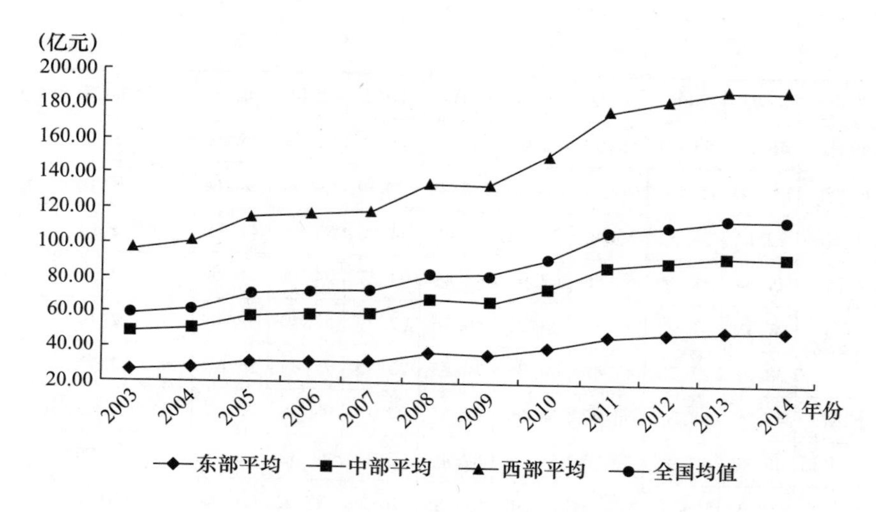

图 8－2　分区域生态价值量变化趋势

图 8 －3 显示了 2003—2014 年分省市生态价值量均值状况，可以看到，与我国物质文明（以 GDP 表示）正好相反，我国生态价值量呈现“东低西高、由东向西递增”的趋势。生态价值量最高的为内蒙古，均值为 376. 11 亿元，其次为西藏、青海和新疆等省和自治区，均值分别为 315. 40 亿元、212. 19 亿元和 211. 61 亿元。而生态价值量最低的省市分别为北京、天津和上海，其生态价值量仅为 4. 25 亿元、4. 76 亿元和 6. 20 亿元。

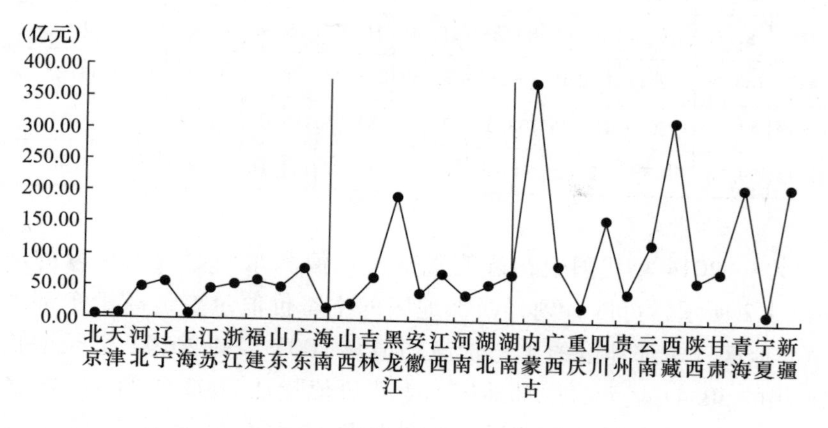

图 8－3　各省生态价值量均值

二　生态价值量空间收敛性分析

（一）生态价值量空间自相关性检验

生态环境保护具有显著的正外部性已经达成共识，因此在分析生态价值量时一个不容忽视的因素就是空间因素。从空间依赖性视角看，生态价值量具有显著的空间地理属性，不考虑空间因素的研究结果必然存在一定的误差。本书采用 Moran's Ⅰ指数方法对生态价值量的空间自相关性进行检验，具体的计算公式为：

$$I = \frac{\sum_{i=1}^{n}\sum_{j=1}^{n}(Y_i - \bar{Y})(Y_j - \bar{Y})}{S^2\sum_{i=1}^{n}\sum_{j=1}^{n}W_{ij}}$$

其中，S^2 和 $\bar{Y}$ 分别表示样本方差和均值，$S^2 = \sum_{i=1}^{n}(Y_i - \bar{Y})^2/n$，$\bar{Y} = \sum_{i=1}^{n}Y_i/n$；$W_{ij}$ 为省市之间的空间权重。

计算 Moran's Ⅰ指数之前首先要确定空间权重矩阵，现阶段常用的空间权重测算方法主要有邻近空间权重矩阵（0—1 矩阵）、经济空间权重和地理距离空间权重矩阵三种方法。相比而言，前两种方法忽视了空间经济学中一个最重要的原则——距离衰退原则，即随着双方距离的增加，空间自相关性逐渐降低。因此本书选择地理距离空间权重矩阵对生态价值量的空间自相关性进行分析，地理距离权重矩阵采用各省区的省会城市之间的欧式距离倒数表示，将省会距离划分为（0，500）、（0，1000）、（0，1500）、（0，2000）、（0，2500）、（0，3000）六个宽度进行分析，结果如表 8－3 所示。

表 8－3　生态价值量空间自相关性检验

年份	距离（千米）	（0，500）	（0，1000）	（0，1500）	（0，2000）	（0，2500）	（0，3000）
2003	Moran's I	0.364	0.243	0.126	0.006	−0.033	−0.038
	p 值	0.024	0.003	0.008	0.062	0.544	0.575
2004	Moran's I	0.386	0.224	0.124	0.001	−0.043	−0.042
	p 值	0.021	0.009	0.002	0.063	0.398	0.416
2005	Moran's I	0.370	0.246	0.120	0.002	−0.047	−0.045
	p 值	0.017	0.006	0.008	0.070	0.311	0.276

续表

年份	距离（千米）	(0，500)	(0，1000)	(0，1500)	(0，2000)	(0，2500)	(0，3000)
2006	Moran's Ⅰ	0.463	0.268	0.110	-0.001	-0.047	-0.043
	p 值	0.006	0.005	0.016	0.705	0.309	0.366
2007	Moran's Ⅰ	0.492	0.283	0.121	0.001	-0.047	-0.044
	p 值	0.005	0.002	0.012	0.083	0.324	0.343
2008	Moran's Ⅰ	0.480	0.341	0.174	0.017	-0.036	-0.040
	p 值	0.008	0.001	0.004	0.041	0.520	0.450
2009	Moran's Ⅰ	0.544	0.365	0.191	0.007	-0.040	-0.045
	p 值	0.002	0.002	0.002	0.055	0.464	0.279
2010	Moran's Ⅰ	0.470	0.345	0.211	0.028	-0.022	-0.037
	p 值	0.006	0.001	0.002	0.025	0.680	0.567
2011	Moran's Ⅰ	0.452	0.307	0.186	0.022	-0.029	-0.038
	p 值	0.006	0.002	0.001	0.035	0.606	0.523
2012	Moran's Ⅰ	0.381	0.258	0.149	0.012	-0.036	-0.040
	p 值	0.013	0.003	0.003	0.058	0.536	0.483
2013	Moran's Ⅰ	0.483	0.306	0.159	0.007	-0.048	-0.044
	p 值	0.002	0.001	0.002	0.068	0.308	0.329
2014	Moran's Ⅰ	0.506	0.309	0.160	0.007	-0.048	-0.044
	p 值	0.003	0.001	0.007	0.066	0.308	0.311

注：表中的 p 值是指 z 检验的显著性水平。

由表 8-3 可以看到，我国生态价值量确实存在空间自相关性，并且空间自相关性随着空间距离的增加而逐渐下降，在空间距离为 500 千米时，空间自相关性最大；在空间距离为 2000 千米时，各自的空间自相关性基本在 0.01 以下；距离再增加时，Moran's Ⅰ指数检验的 p 值在 10% 的条件下均未通过显著性检验，这表明我国生态价值量在空间距离为 2000 千米以上时基本不存在空间自相关性。同时可以看到，随着时间的推移，我国生态价值量的空间自相关性不断增强。根据表 8-3 的数据和距离衰退原则，本书采用空间距离为 500 千米的数据计算空间权重。

（二）模型设定

根据 Hausman 检验并结合 AIC 和 SC 指标，本书选择固定效应模型作为基础模型进行分析，同时本书面板数据的时间跨度为12年，在时间跨度足够长时，固定效应模型与随机效应模型相比更有效。Rey和Montouri、Yu和Lee以美国数据为例，从空间收敛视角对美国经济增长的收敛性进行了分析，认为美国经济增长具有空间收敛性，二者采用的模型主要有空间滞后模型和空间误差模型。

本书进一步根据Lagrange Multiplier（LM）和Robust LM的滞后项和误差项检验结果确定选择空间滞后模型还是空间误差模型，检验结果如表8-4所示。

表8-4　模型设定检验结果

检验形式	绝对β收敛		条件β收敛	
	统计值	*p*值	统计值	*p*值
LM-lag	24.668	0.000	26.732	0.000
LM-error Robust	19.533	0.000	20.763	0.000
LM-lag Robust	5.164	0.007	4.826	0.021
LM-error	4.073	0.086	0.351	0.589

由表8-4可以看到，绝对β收敛和条件β收敛的*LM-lag*统计值和*LM-error*的统计值都通过了显著性检验，但前者的统计值大于后者；进一步考察*Robust LM*的滞后项和误差项的检验结果，可以看到，前者的统计值和显著性水平要优于后者。综合检验结果，选择空间滞后模型进行分析，本书设定的检验生态价值量空间收敛性的模型为固定效应空间滞后收敛模型，形式为：

$$d(\ln EV_{it}) = \ln EV_{it} - \ln EV_{it-1} = \alpha W(\ln EV_{it} - \ln EV_{it-1}) + \beta \ln EV_{it-1} + \gamma Z_{it} + \varepsilon_{it}$$

其中，*EV*表示生态价值量，β为收敛系数，*Z*为条件变量，当不考虑*Z*时为绝对β收敛，当考虑*Z*时为条件β收敛，根据公式$\beta = e^{-\lambda} - 1$可求得生态价值量的收敛速度λ。

关于条件变量，本书主要选取以下三个因素：①经济增长水平（ln*gdp*），采用平减后的国内生产总值表示，数据来源于《中国统计年鉴》(2004—2015);②环境规制因素(er),选用排污费与财政收入之比代表地方政府的环境规制水平,这样一个相对值更能真实反映本地区的环境规制强度及其变化,这会直接对生态价值量产生影响,排污费数据来源于《中国环境年鉴》(2004—2015);③财政影响因素($\ln bud$),“土地财政”是各省财政收入的主要来源,对土地利用的重新规划,增加商业和建设用地必然对生态价值产生影响,选用各省财政收入的自然对数表示(单位:亿元),数据来源于《中国财政年鉴》。(2004—2015)和《中国统计年鉴》(2004—2015)。

（三）实证结果分析

采用极大似然估计方法(ML)对绝对β收敛和条件β收敛的空间滞后回归方程进行回归分析,结果如表8-5所示。

表8-5　　生态价值量空间收敛结果

变量	全国地区		东部地区		中部地区		西部地区	
	绝对收敛	条件收敛	绝对收敛	条件收敛	绝对收敛	条件收敛	绝对收敛	条件收敛
$W(\ln EV_{it}-$	0.031***	0.024***	0.037**	0.028**	0.041**	0.033**	0.075***	0.051***
$\ln EV_{it-1})$	(3.410)	(2.976)	(2.504)	(2.433)	(2.399)	(2.788)	(3.312)	(3.030)
$\ln EV_{it-1}$	-0.042***	-0.055***	-0.027***	-0.077***	-0.014**	-0.016***	-0.026***	-0.031***
	(-4.311)	(-5.661)	(-3.122)	(-4.109)	(-2.788)	(-5.231)	(-4.772)	(-5.137)
$\ln gdp$		-0.043***		-0.030***		-0.057***		-0.071***
		(-7.982)		(-4.337)		(-3.271)		(-5.071)
er		0.018***		0.004*		0.024***		0.031**
		(3.550)		(1.908)		(3.522)		(3.771)
$\ln bud$		-0.026***		-0.007**		-0.032***		-0.051**
		(-3.656)		(-2.676)		(-3.550)		(-2.890)
λ	0.0429	0.0566	0.0274	0.0492	0.0141	0.0161	0.0263	0.0315
$A-R^2$	0.3430	0.2640	0.488	0.5307	0.4422	0.4451	0.4053	0.4526

注:***、**、*分别表示在1%、5%和10%的显著性水平下通过t检验,括号中的数值为t值。

从表8-5中空间效应的回归结果可以看出,全国数据和东中西三大区域的生态价值量在绝对β收敛和条件β收敛中的空间效应α都在1%或者5%的显著性水平下通过t检验,这充分表明了空间溢出效应的存在,同时西部地区空间效应系数最高,其对生态价值量的收敛影响也最大,这表明增加生态价值量,不仅有利于本地区生态环境质量的改善，也有利于正向促进相邻地区生态环境质量的提升。

$\ln EV$ 的系数在 1% 或者 5% 的显著性水平下均通过显著性检验，这表明我国生态价值量存在绝对 β 收敛和条件 β 收敛，同时也存在俱乐部收敛状况，三大区域各自存在收敛性。从生态价值量的收敛指标来看，绝对 β 收敛速度分别为 0.0429、0.0274、0.0141、0.0263，条件 β 收敛速度分别为 0.0566、0.0492、0.0161、0.0315，前者要小于后者，这表明条件变量发挥了正向作用，促进生态价值量的收敛速度。同时东部地区的生态价值量收敛速度要高于中西部地区，这可能是由于东部地区经济基础优越，政府大力加强生态文明建设投入和政策支持力度，加速了当地的生态文明建设进程。

从条件变量对生态价值量 β 收敛影响来看，经济增长对生态价值量的影响系数通过显著性检验，整体及三大区域的系数值为 -0.043、-0.030、-0.057 和 -0.071，这表明二者呈现显著的负相关关系，经济增长在一定程度上对生态文明建设产生阻碍作用，生态文明和物质文明协调性有待提高，这可能是由于我国现阶段粗放型经济增长对生态环境造成巨大压力造成的。环境规制因素在给定的显著性水平下均通过检验，会促进生态价值量的收敛性，环境规制在降低环境污染的同时，对生态保护也有正向促进作用，但东部地区的环境规制政策的影响系数最小，这可能是因为东部地区的经济发展水平和工业化程度较高，环境规制更多地体现在降低能耗和环境污染排放方面，对生态环境保护的环境规制重视不足。财政因素在给定的条件下都通过了显著性检验，各地区财政收入系数为负，这表明财政收入的提高不利于生态价值量的增加，可能的原因就是前文提到的“土地财政”，政府为增加财政收入，将更多的土地用于商业用地和建筑用地，降低了高生态价值当量的土地类型的面积；还可以看出，东部地区财政收入的影响最小，这表明东部地区财政收入对土地的依赖性较低，因此其对生态价值量的负效应已变得非常小。

基于价值量视角对我国生态文明建设状况进行了分析，为生态文明评价研究提供了一种新的思路和方法，结果显示，由于我国生态资源禀赋差异，生态价值量更多地集中于西部地区，而东部经济发达地区的生态价值量相对匮乏。随后基于空间视角分析了生态价值量的空间收敛性，结果表明，生态价值量的空间溢出效应有利于提高其收敛性，加速我国整体区域和各地区内部的生态价值量的收敛，对促进生态建设具有重要意义；同时各地区的生态价值量收敛速度具有空间异质性，东部最高，西部次之，中部最低。

第二节　城镇化对生态文明建设的影响研究

一　生态文明指数和城镇化率测算

（一）基于城镇化的生态文明指数测算

用数量指标来对生态文明进行分析与度量是一个极其复杂的问题，因为生态文明是一系列因素的综合反映，其涉及生态、经济与社会的方方面面。因此，生态文明指数必须是由多方面、多个指标所构成的一个指标体系的测算结果。现有相关文献对生态文明的量化一般是通过一个综合的评价指标体系来完成的。目前，国内学界的主流观点基本认同生态文明包括了经济实力、社会福利以及人类生态环境意识与资源利用方式等方面的内容。生态文明指数分析代表者成金华等分别从资源能源节约利用、自然生态环境保护、经济社会协调发展、绿色制度实施以及国土空间开发格局等方面，对我国的生态文明指数进行了测算。本书综合以往学者的研究成果，从生态活力、经济活力、社会活力及其协调程度四个维度对我国各省份生态文明指数进行测度（各指标选取如表 8 – 1 所示）。本书使用的相关数据来源于历年的《中国统计年鉴》《中国国土资源公报》《中国环境统计年鉴》《中国财政统计年鉴》《中国城市统计年鉴》以及各省市资源环境公报，个别缺失数据通过插值法补全。

现有对综合评价指标体系进行赋权的方法，主要有相对指数法、层次分析法、熵值法和因子主成分分析法等测度方法。相对指数法未考虑到各分项指标之间可能存在的高度相关性。层次分析法根据研究者对各指标重要性程度的主观认识进行权重赋值。熵值法虽然属于一种客观赋权的方法，但却不能很好地反映相关指标之间的关系。钞小静、任保平认为，主成分分析法根据数据自身的特征而非人的主观判断来确定权重结构，可以很好地避免指标之间的高度相关性和权重确定的主观性。本书采用该方法计算生态文明指数。

具体确权步骤如下：

第一，对各指标进行变换与处理，对所有逆指标均采取倒数形式，使所有指标对生态文明的作用力趋同化，再采用归一化方法对原始数据进行无量纲化处理，处理公式为：

$$x_{ij}' = \frac{x_{ij} - \min x_i}{\max x_i - \min x_i},\ 0 \leqslant x_{ij}' \leqslant 1$$

第二，借鉴钞小静和任保平为基础指标和方面指数赋予权重的方法，依据第一主成分来确定各指标的权重，采用 SPSS 20.0 对归一化后的变量进行主成分分析。结果表明，第一主成分的方差贡献率均在82%以上，最高达88.252%，综合了绝大部分信息，因此依据第一主成分来确定基础指标的权重是合理的。

第三，将各指标的第一主成分系数除以其对应特征根后再开根号，得到的数值就可以作为分项指标和基础指标的权重。各方面指标和基础指标的权重如表 8－6 所示。

表 8－6　基于城镇化的生态文明评价指标体系及各指标权重

一级指标（目标层）	分项指标（制约层）	基础指标（因子层）	计量单位	指标性质	指标权重
生态文明指数	生态活力（0.221）	森林覆盖率	%	正	0.235
		建成区绿化率	%	正	0.112
		自然保护区面积占省辖区面积比例	%	正	0.102
		水网密度指数	%	正	0.238
		土壤侵蚀率	%	逆	－0.100
		单位面积用化肥量	公斤/亩	逆	－0.131
		单位面积用农药量	公斤/亩	逆	0.108
	经济活力（0.197）	全省财政收入	亿元	正	0.365
		人均 GDP	元	正	0.151
		服务业占 GDP 比例	%	正	0.258
		科技投入占财政收入的比例	%	正	0.182
		再生能源利用率	%	正	0.138
		工业污水达标率	%	正	0.130
		工业固体废弃物综合利用率	%	正	0.121

续表

一级指标（目标层）	分项指标（制约层）	基础指标（因子层）	计量单位	指标性质	指标权重
生态文明指数	社会活力（0.143）	城市人口密度	千人/km^2	正	0.297
		人均预期寿命	年	正	0.138
		人均教育经费投入	元	正	0.193
		人均卫生经费投入	元	正	0.226
		农村改水率	%	正	0.156
		农村改厕率	%	正	0.145
		城市生活垃圾无害化处理率	%	正	0.150
		医院床位拥有率	张/万人	正	0.121
	协调程度（0.276）	环境污染治理投资占 GDP 比例	%	正	0.110
		工业固体废弃物综合利用率	%	正	-0.177
		单位 GDP 能耗	吨标准油/万元	逆	0.133
		单位 GDP 水耗	吨/万元	逆	0.191
		单位 GDP 二氧化硫排放量	吨/万元	逆	0.150
		单位 GDP 粉（烟）尘排放量	吨/万元	逆	-0.117
		“三同时”制度执行率	%	正	0.122

表 8-6 显示，生态文明的协调程度和生态活力在生态文明指数中的权重最高，分别为 0.276 和 0.221，经济活力和社会活力这两个维度的权重分别为 0.197 和 0.143，这意味着在 2003—2014 年间中国生态文明建设更多地体现在生态活力和协调程度这两个方面，并且协调程度最为重要。

结合各指标与权重数据，可计算出各省份 2003—2014 年间的生态文明指数（见表 8-7）。

表 8-7　　各省份生态文明指数

省份	2003	2004	2005	2006	2007	2008	2009	2010	2011	2012	2013	2014	均值
北京	2.229	2.168	2.360	2.431	2.360	2.292	2.292	2.111	2.229	2.292	2.292	2.631	2.307
天津	1.823	1.866	2.006	1.957	1.866	1.910	1.910	1.783	1.866	1.910	1.910	2.193	1.917
河北	1.216	1.197	1.254	1.273	1.273	1.273	1.273	1.360	1.337	1.254	1.234	1.417	1.280

续表

省份	2003	2004	2005	2006	2007	2008	2009	2010	2011	2012	2013	2014	均值
辽宁	1.408	1.408	1.543	1.486	1.459	1.459	1.383	1.433	1.459	1.543	1.573	1.806	1.496
上海	2.588	2.766	2.971	2.766	2.865	2.674	2.431	2.588	2.507	2.507	2.588	2.971	2.685
江苏	1.910	1.823	1.744	1.783	1.783	1.910	1.910	1.823	1.910	2.057	2.111	2.424	1.932
浙江	2.168	2.006	1.866	1.957	2.006	2.057	1.866	1.866	1.823	2.006	2.006	2.303	1.994
福建	1.637	1.637	1.744	1.783	1.744	1.671	1.707	1.637	1.671	1.671	1.671	1.919	1.708
山东	2.111	1.910	1.823	1.823	1.783	1.866	1.910	1.910	1.957	1.957	1.957	2.246	1.938
广东	2.006	2.057	2.168	2.168	2.292	2.292	2.431	2.588	2.507	2.674	2.766	3.176	2.427
海南	2.022	2.168	2.431	2.229	2.111	1.910	1.910	2.006	1.957	2.057	2.111	2.424	2.111
东部均值	1.889	1.884	1.955	1.923	1.918	1.902	1.873	1.899	1.899	1.964	1.993	2.288	1.949
山西	1.254	1.234	1.337	1.383	1.383	1.433	1.383	1.433	1.433	1.514	1.573	1.806	1.430
吉林	1.294	1.234	1.294	1.315	1.294	1.383	1.360	1.337	1.315	1.433	1.433	1.645	1.361
黑龙江	2.229	1.866	1.910	1.866	1.866	1.823	1.744	1.671	1.707	1.783	1.783	2.047	1.858
安徽	1.573	1.514	1.637	1.637	1.671	1.605	1.543	1.514	1.514	1.543	1.543	1.771	1.589
江西	2.168	1.910	2.006	1.910	1.866	1.957	1.957	1.823	1.866	1.823	1.783	2.047	1.926
河南	1.433	1.459	1.433	1.514	1.514	1.573	1.543	1.514	1.486	1.514	1.486	1.706	1.514
湖北	1.744	1.707	1.671	1.671	1.744	1.637	1.671	1.637	1.744	1.823	1.910	2.193	1.763
湖南	1.543	1.459	1.543	1.514	1.637	1.543	1.514	1.514	1.543	1.783	1.866	2.142	1.633
中部均值	1.619	1.518	1.589	1.593	1.603	1.587	1.563	1.534	1.555	1.630	1.652	1.897	1.612
内蒙古	1.543	1.459	1.573	1.637	1.543	1.486	1.486	1.514	1.514	1.543	1.543	1.771	1.551
广西	1.408	1.337	1.486	1.486	1.514	1.433	1.433	1.383	1.433	1.543	1.605	1.842	1.492
重庆	1.605	1.605	1.783	1.783	1.823	1.910	1.957	1.910	1.957	2.111	2.168	2.489	1.925
四川	1.573	1.573	1.637	1.573	1.605	1.605	1.605	1.637	1.573	1.671	1.671	1.919	1.637
贵州	1.543	1.459	1.514	1.573	1.543	1.543	1.543	1.433	1.514	1.573	1.573	1.806	1.551
云南	1.197	1.197	1.234	1.216	1.216	1.273	1.234	1.234	1.234	1.294	1.315	1.510	1.263
陕西	1.823	1.783	1.783	1.823	1.783	1.866	1.823	1.866	1.823	1.910	1.910	2.193	1.866
甘肃	1.744	1.783	1.783	1.823	1.707	1.783	1.744	1.707	1.707	1.707	1.707	1.960	1.763
青海	1.163	1.146	1.216	1.234	1.294	1.337	1.315	1.294	1.294	1.337	1.360	1.561	1.296
宁夏	1.315	1.383	1.408	1.459	1.433	1.459	1.514	1.459	1.459	1.573	1.605	1.842	1.492
新疆	1.273	1.234	1.294	1.337	1.294	1.254	1.273	1.273	1.273	1.337	1.360	1.561	1.314
西部均值	1.472	1.451	1.519	1.540	1.523	1.541	1.539	1.519	1.526	1.600	1.620	1.859	1.559
全国均值	1.666	1.627	1.693	1.689	1.687	1.687	1.668	1.660	1.668	1.740	1.763	2.024	1.714

表8－7显示，2003—2014年间各省份的生态文明指数整体上呈上升趋势，但在2013年之前均较为平缓，甚至出现下降趋势，2014年出现了较大幅度的上升；从分省份均值来看，2003—2014年间生态文明指数最高的五个省份分别为上海、广东、北京、海南和浙江，均位于东部地区。

（二）城镇化率测算

城镇化水平的测量作为城镇化研究的基础环节已成为学术界研究的焦点。关于城镇化水平的测量，不同学者的研究依据研究目的的不同而有所差别。一是基于可持续发展的视角测度城镇化的质量，该类研究综合考虑了经济、生活、社会、基础设施、生态环境以及城乡统筹等指标体系，以综合分析城镇化水平。二是根据城镇化最直接的表现形式（如人口向城镇集聚、产业形态的转换、土地使用性质的改变）采用单一指标（如城镇占总人口的比重、第二和第三产业占比、城市用地占比等单一指标），分析人口城镇化与土地城镇化之间的关系或产业非农化与社会经济发展间的关系。单一指标的优势在于能够真实地反映城乡结构特征，区域间的通用性和可比性强。依据本书的研究目标，本书参照曹广忠的方法，分别从人口城镇化、产业城镇化和空间城镇化三个维度考察各省份的城镇化水平。人口城镇化率以城镇人口占总人口比重表示。产业城镇化率以就业人口非农化率和地区增加值非农化率的几何平均数表示，其中前者以就业总人数中第二、第三产业就业人数比重表示，后者以地区生产总值中第二、第三产业增加值比重表示。空间城镇化率为城市用地、建制镇用地、独立工矿用地占本省辖区面积的比重。相关数据来源于历年的《中国统计年鉴》《中国城市统计年鉴》、Wind数据库以及各省统计年鉴。

对人口城镇化率、产业城镇化率和空间城镇化率三项指标进行标准化处理，使指标的取值范围处于0—1。同时将人口镇化率、产业镇化率和空间城镇化率看作空间中三个彼此正交的方向，以三者所构成的空间向量的长度作为城镇化的综合累计值，即城镇化的强度。在完全协调状态下，该向量应与正方体对角线（即完全协调线）重合；以其向量距离完全协调线的距离作为偏离度，考察各维度的匹配状况。综合考虑累计值和偏离度，在累计值基础上扣除偏离量得到区域城镇化水平的综合评价结果即综合度，人口镇化率、产业镇化率和空间城镇化率计算公式见表8－8。

表8－8　城镇化率测度指标

指标	表达公式	指标	表达公式
人口城镇化率 U_i	PU_i/P_i	累计值 D_i	$\sqrt{\frac{U_i^2+I_i^2+L_i^2}{3}}$
产业城镇化率 I_i	$\sqrt{\frac{EN_i}{E_i}\times\frac{SGDP_i\times TGDP_i}{GDP_i}}$	偏离度 P_i	$\frac{2}{3}\sqrt{(U_i-I_i)^2+(I_i-L_i)^2+(L_i-U_i)^2}$
空间城镇化率 L_i	$\frac{LU_i+LT_i+LI_i}{LU_i+LT_i+LI_i+LC_i}$	综合度 C_i	$D_i\times(1-P_i)$

注：i 表示被评价省份；U_i 表示 i 省人口城镇化率；P_i 表示 i 省的总人口；PU_i 表示 i 省城镇人口。

二　城镇化对生态文明影响效应实证分析

（一）回归模型的建立

本书构建如下动态面板回归模型，从人口城镇化、产业城镇化和空间城镇化三个维度及其累计值、偏离度和综合度视角考察城镇化对生态文明建设的影响：

$$EI_{it}=\beta_0+\beta_1 EI_{i,t-1}+\beta_2 UR_{it}+\varepsilon_{it}$$

其中，i、t 分别表示省份和年份；EI 表示生态文明指数，采用上文构建的生态文明指数体系测算得到；UR 表示城镇化水平，分别采用人口城镇化率 U、产业城镇化率 I、空间城镇化率 L、城镇化累计值 D、城镇化偏离度 P 和城镇化综合度 C 表示；ε_{it} 为误差项。

（二）实证分析

本书采用系统 GMM 方法对回归方程进行实证回归，同时在对全国数据进行回归分析的基础上，对东中西三大地区进行分区域分析，限于篇幅，本书将三大区域分别回归的结果整理在一起进行报告（见表8－9）。实际回归中按照单个变量进行分析，各个回归方程的 Arellano－Bond 检验 AR（1）和 Sargan 检验均通过了显著性检验；Arellano－Bond 检验 AR（2）未通过显著性检验，表明模型设定合理。

表 8 – 9 回归结果

变量	方程（1）	方程（2）	方程（3）	方程（4）	方程（5）	方程（6）	东部	中部	西部
β_0	−0.214 **	−0.232 ***	−0.216 ***	−0.155 **	−0.165 **	−0.135 **	—	—	—
	（−2.013）	（−5.005）	（−4.257）	（2.788）	（−2.112）	（−2.338）			
EI_{it-1}	0.676 ***	0.701 ***	0.467 ***	0.689 ***	0.677 ***	0.587 ***	—	—	—
	（6.407）	（6.092）	（5.431）	（5.307）	（4.833）	（4.762）			
U_i	0.454 ***						−0.103 *	0.132 **	0.256 *
	（5.413）						（−2.204）	（2.632）	（2.081）
I_i		−0.107 ***					0.052 **	−0.130 **	−0.101 *
		（−2.981）					（2.437）	（−2.416）	（−1.955）
L_i			−0.012 ***				−0.038 ***	0.047 ***	−0.027 ***
			（−3.464）				（−4.187）	（4.099）	（−5.158）
D_i				0.020 ***			0.006 *	0.030 ***	0.023 **
				（6.706）			（1.880）	（3.012）	（2.013）
P_i					−0.214 ***		−0.301 ***	−0.169 ***	−0.143 ***
					（−4.701）		（−0.525）	（−4.014）	（−3.012）
C_i						0.126 **	0.076 *	0.183 ***	0.122 *
						（1.414）	（2.013）	（3.011）	（2.071）
Sargantest − p	0.128	0.118	0.126	0.289	0.537	0.334	—	—	—
AR（1）*test − p*	0.000	0.000	0.000	0.001	0.000	0.000	—	—	—
AR（2）*test − p*	0.327	0.303	0.177	0.290	0.277	0.217	—	—	—

注：***、**和*分别表示在1%、5%、10%的水平下显著；括号中为相应的 z 添加值；分地区城镇化对生态文明的影响回归分析方法与全国相同，但限于篇幅，将其整理在一起报告；生态文明滞后项、常数项和检验结果未报告。

根据表 8 - 9 进行全国层面和分地区层面的分析。

从全国层面来看，人口城镇化与生态文明正相关且显著，其影响系数为 0.454；产业城镇化和空间城镇化与生态文明负相关且显著，前者对后者的影响系数分别为 - 0.107 和 - 0.012；城镇化累计值与生态文明指数之间正相关，前者对后者的影响系数为 0.020；城镇化偏离度与生态文明指数负相关，影响系数为 - 0.214；城镇化综合度与生态文明指数正相关，其影响系数为 0.126。上述数据表明，我国城镇化的推进总体上有利于生态文明指数的提高，特别是保持人口城镇化、产业城镇化和空间城镇化的协调发展，对生态文明建设具有显著的促进作用。

从分地区层面来看，我国区域城镇化对生态文明建设影响的空间异质性较大。具体来说，东部地区的人口城镇化与生态文明负相关且显著，中西部地区特别是西部地区人口城镇化与生态文明正相关；中西部地区人口向城镇集聚带来的正效应高于负效应，人口的城镇化仍有一定的提升空间，同时与中部地区相比，西部地区生态环境的脆弱性使人口集聚带来的正效应更加明显；产业城镇化对东部地区的生态文明建设影响效应为正，中西部地区产业城镇化的影响效应为负；空间城镇化对东中西部地区的生态文明建设影响均为负，东部地区更是如此；东中西部地区城镇化累计值、偏离度和综合度对生态文明的影响效应的作用方向与全国整体效应一致，但东部地区人口城镇化、产业城镇化和空间城镇化的协调发展对生态文明的影响效应更高，而中部地区城镇化的加快对生态文明建设的影响效应最大。

（三）结论

本书基于现阶段对城镇化和环境关系研究更多地集中于城镇化和环境污染关系研究的现状，从人口城镇化、产业城镇化和空间城镇化视角对城镇化的生态文明效应进行了分析。本节首先从生态活力、经济活力、社会活力及其协调程度四个维度对各省份的生态文明指数进行了测算。结果表明，我国各省份的生态文明指数总体上均呈上升趋势；2008 年，东部地区的生态文明指数超过了中部地区，位于东中西三大区域之首，生态文明指数排名前五的省份均位于东部地区。其次，从人口城镇化、产业城镇化、空间城镇化和三个视角分析了城镇化对生态文明建设的影响。结果表明，人口城镇化、产业城镇化和空间城镇化及其协调发展有利于生态文明建设的推进；从单个城镇化指标看，人口城镇化对生态文明建设的促进效应显著为正，产业城镇化和空间城镇化的影响为负；人口城镇化、产业城镇化和空间城镇化对生态文明的影响效应存在空间异质性，总体上来说，人口城镇化、产业城镇化、空间城镇化和协调发展的城镇化对东部地区生态文明建设的促进作用最大。

第九章　西部资源富集区生态文明建设政策与建议

第一节　政治领域

深化生态文明体制改革是一个系统性、长期性的工程，要想建立完善的生态文明体系，要从上层建筑着手，构建完善的制度体系，为生态文明的建设提供制度上的保障。完善的制度体系包括合理的政策目标、适当的职能匹配、科学的工作方法以及规范的结果评价。

第一，在生态文明的建设过程中，政府要树立生态文明建设的总体目标，将建设的目标细分并加以确定。既要重视经济的健康增长，也要关注生态环境的改善，妥善处理好经济发展与生态环境改善之间的关系，二者不可偏废其一，为具体的生态文明建设指明方向。

第二，要明确政府职能部门的责任。在生态文明建设相关的部门中要清晰地划分权责，明确各部门的业务范围。如文明办、宣传部、环保局等部门工作可能会有交叉，在明确权责的基础上进一步通力合作，是建设生态文明必不可少的一个重要环节。文明办要加深对生态文明的理解，熟悉生态文明建设的流程，着力建设生态文明，政府宣传部门要积极宣传，传播生态文明理念，倡导社会为创建生态文明而共同努力。环保部门要针对具体工作中的违规行为及时做出处理与反馈。在对生态文明建设的理念认知上，各职能部门要深化与加强，在具体的业务上，尤其是有交叉之处，各部门要有统筹观念，共同建设生态文明体系。

第三，在制度保障领域，有明确的政策导向以及法律法规是建设生态文明的有力保障。在社会经济的发展过程中，政策导向是影响面最广的一个因素。政府要从高层确立生态文明建设的制度目标，在发展的过程中，不断强化这一目标，引导社会各团体以及企事业单位共同努力。同时也要注重在社会经济运行过程中的法律效力，要建立健全现有的环保法律法规体系，及时调整相对落后过时的法律法规制度，确保生态文明建设过程中要做到有法可依、有法必依、执法必严、违法必究，针对具有特色的地方水污染以及固体废弃物污染出台相应的法律法规，确保社会生产中的环境污染与生态破坏有法可依。要实行全面的环境监察制度，严格执行法律法规，对于违规生态、破坏环境的行为严肃处理，及时处理生态文明建设过程中违法乱纪的情况。近年来，陕北出台一系列的政策法规，对当地的经济转型以及生态文明建设产生了积极效果，地方生态环境的持续改善，很大程度上也有利于经济体制和生态文明体制改革全面深化。

第四，从效果评价上看，要真正完善生态文明评价体系，就应将地方经济建设成本、环境污染与生态破坏等纳入地方政府考核，倒逼政府加快生态文明体制改革和管理模式。建立全面的测评体系，按照科学的标准进行全面审查，加大督察考核力度，确保工作有序推进。要不断创新工作载体，充分调动市民群众的积极性、主动性，让群众来参与、让群众来评价，真正体现群众的主人翁价值，要让人民群众成为生态文明建设的监督者。

第二节　经济领域

陕北经济从20世纪90年代开始经历了“黄金十年”，榆林市与延安市的经济发展一路快马扬鞭，增长速度位居全省前列，成为陕西经济发展的重要一极。但从长远来看，榆林市与延安市仍是“经济发展较快的落后地区”，地方经济发展质量不高，主要依赖于地方资源的开发，区域及城乡发展不平衡、软实力不强等，亟待通过一系列的改革创新举措来破解、弥补发展中的难题和不足。

一　面对产能过剩，深化供给侧改革

随着宏观经济持续下行影响，陕北榆林、延安两市经济面临着前所未有的“寒冬”考验。尤其是“十二五”以来，能源产品价格“断崖式”下跌、市场需求不景气，企业普遍出现生产运营困难的局面。陕

北地方产业结构太单一，延安是“油”主沉浮、榆林是“煤”主沉浮，现在石油、煤炭的价格跌下来了，使地方面临着严重的稳增长压力，而且由于产业层次不高、增长方式粗放的问题依然突出，各类风险与挑战也日益增多，直接使地方经济步入了“十五”以来发展最为困难的几年。

进入“十三五”，全球实体经济产能过剩、结构失衡和需求不足的矛盾依然突出，这对榆林和延安以煤油气为主的经济形成了巨大冲击。当前，国内正在进行的供给侧结构性改革将推进经济深度调整，这也使陕北地方经济发展面临的困难和挑战增多。供给侧结构性改革是国家针对市场进行的结构性调整，其明确要求用改革的办法倒逼解决当前经济运行中普遍存在的产能过剩、高房地产库存、高杠杆等问题，进而从根本上提高社会生产力发展水平。扎实推进供给侧结构性改革、继续推进存在安全隐患、手续不全等煤矿的停产整顿工作，推动石油、煤炭等资源型企业转型升级。去库存方面，切实解决房地产领域的遗留问题，认真落实棚户区改造、公租房保障、移民搬迁等各类动迁货币化安置政策，而且多途径调动居民住房消费的积极性，完成房地产行业去库存任务。去杠杆方面，做好短贷转长贷、高息转低息和试点推进债务转股权、股权转债券等工作，推动地方信用体系建设和金融市场转型升级。降成本方面，认真贯彻落实财税改革政策措施和“一揽子”税收减免政策，抓紧协调扩大电力直接交易规模，切实帮助企业降低税负成本。

二　调整产业结构

能源经济的持续疲软，也让陕北经济长期依靠固定资产投资、大项目带动的粗放式发展弊病暴露无遗，长期被经济高速增长掩盖的诸多经济社会发展短板逐一显现。陕北地区农业基础薄弱，工业对低端能源产业依赖过于严重，第三产业特色不明显，三大产业结构不够合理，在经济增速放缓、供给侧改革的大背景下，产业结构不合理的现象更加凸显。在产业结构的调整上，首先要做到依托总量突出增量，其次要做到突出投资结构的优化。更加关注战略性新兴产业投资占全社会固定资产投资比重提升率、生产性服务业投资占全社会固定资产投资比重提升率、民间投资占全社会固定资产投资比重提升率等促进产业转型和结构优化的指标，引导和带动全市经济结构优化调整和产业转型升级。

1. 工业经济

陕北地区的经济升级与转型，首先要关注产业的升级与改造，按照资源向深度转化、项目向园区集中、产业向集群发展；其次要关注环境污染问题的内部化，坚持谁污染谁治理，推进地方污染企业对造成的污染改善与治理。

在产业升级过程中，地方要注重资源的深度转化，在对待煤炭石油资源上要加强资源的深度开发与应用。实施煤向电转化、煤电向载能工业品转化、煤气油盐向化工产品转化，持续推进兰炭、电石、金属镁等技术改造，不断提高煤制油、煤制气等转化的规模和科技含量，下大力气引进落地一批综合利用项目，延长产业链，迈向中高端，全力打造国家能源化工基地升级版。

项目园区化过程中，在规划园区的同时，要充分重视龙头企业的引领作用。重点发展具有国际领先水平的加工转化项目，在过去的一段时间里，陕北引进了法液空、中石油、中石化、神华、华电、华能、大唐、延长、陕煤等世界500强企业和中煤、陕西有色等一批大型企业集团，取得了良好的效果。在今后的园区规划中，要加大先进企业的引进力度，靠龙头企业带动整个园区发展，打造体系完整丰富的国家级经济开发区、国家级高新区和省市级产业园区，形成以煤炭中低温推动煤制油、煤制烯烃、煤盐化为特色，煤电、煤化、载能等上下游产业一体化发展的产业集群。

加强重点项目建设和固定资产投资是调整经济结构、促进产业转型升级的重要手段，是摆脱经济下行压力的有效途径。要明确地区建设方向，在地方产业升级、园区建设以及产业集群化的过程中，确定建设项目的合理性，建设方案的科学性和建设评价系统的完整性。

在大力推进工业生产的同时还要加强生态环境的保护，产业升级换代中就充分地考虑到对环境污染小的技术与设备，在生产运营的过程中，尽可能减少对环境的污染。明确节能减排的标准，对超出污染的部分制订严格的处罚标准，将企业生产过程中的污染与消耗内部化。

2. 农业经济

虽然陕北地区农业基础薄弱，缺乏大面积的种植环境，但是地方依旧有较多的特色农业。在农业经济的发展中，要坚持农村第一、第二、第三产融合发展的思路措施，使产业优势转化为经济优势，进一步夯实群众增收致富的产业基础。要加大政策资金支持力度，积极培育壮大本地有实力的农业龙头企业，吸引国内外大型涉农企业，引导各类经济合作组织、经营主体和非涉农企业参与现代农业建设，带动提升全市现代农业发展水平。要强化科技支撑，加强与科研院所和龙头企业合作，加大新产品、新工艺研发、引进和推广力度，努力打造富有特色的产业链条，加强品牌宣传保护，整合创新营销方式，促进第一、第二、第三产融合发展，全面挖掘提升地方农业的潜在效益。

围绕小杂粮、马铃薯、红枣、玉米、羊子、山地苹果、大漠蔬菜等产业，大力发展现代特色农业的科技成果，瞄准农业科技发展前沿，重点关注高科技生物农业、环保农业、精准农业等项目及企业，不断促进科技成果的转化和现代农业产业的发展。

规范生态原产地产品保护工作，培育生态原产地产品品牌，推广在当地产品生命周期中符合绿色环保、低碳节能、资源节约要求，并具有原产地特征和特性的良好生态型产品。同时要加大对农业产品的质量认证，通过国家质检总局等对生态原产地产品进行认证与保护。提高产品档次和价值，提升市场竞争力，产生更大的社会效益、生态效益和经济效益。所以推进生态原产地产品保护工作，是对外贸易转型、破解技术性贸易壁垒特别是绿色贸易壁垒的需求，能有效地将资源、生态、环境、经济融为一体，向质量效益型、生态集约型方向发展，对陕北生态经济发展和生态文明建设具有重要意义。

围绕生态农业产业链建立特色农副产品产业集聚区、城乡统筹发展示范区，打造交通便利、相互辅助的农业产业集聚示范区，构建具有规模优势的农业区。同时还应注重现代化农村电商平台的优势。地方农业企业积极通过现代互联网技术平台打造新型农业电商系统，建立覆盖社会末端的物流配送体系，发挥现代技术的优势，以农村为主阵地，以农民为主要服务对象，建设电子商务运营服务平台，开展线上线下相互补充的销售体系。打造支持地方农业经济建设，扶贫攻坚，发挥地方物色的重要方式。进一步筹划深度合作，积极组织筹建农产品加工、包装企业，开展全面线上线下合作，线上需要什么产品就加工包装什么，农民急需的生产资料、日用品，集团公司直接找厂家采购回来，销售下去，努力把供销集团公司打造成农村电商延安“国家队”，打造成农产品加工销售的龙头企业，带动县区供销社开展经营业务，使供销社真正成为服务农民生产生活的生力军和综合平台。

通过地方特色生态农业以及具有时代特色的农村电商平台项目，促进陕北地方农业现代化、规模化、产业化、集约化发展，为调整产业结构，促进农业转型升级和促进农民增产增收提供切实可行的路径。

3. 服务业

陕北地区的服务业近年来发展较快，但服务业占 GDP 的比重还相对较低，而且服务业中以传统业态为主，现代服务业份额较低。传统的交通运输、仓储和邮政，批改与零售业，住宿与餐饮业以及公共管理等还占据着主要地位。而现代化的服务业，如信息传输计算机和软件业，金融业，房地产业，租赁和商务服务业，科学研究、技术服务和地质勘查业等占 GDP 的份额还较低，所以在地区的产业结构调整过程中，要选准着力点，围绕核心点构建现代化的服务业。

第一，加快发展生产性服务业。生产性服务业是与制造业直接相关的配套服务业，建议以转变发展方式、结构调整和培育新的经济增长点为契机，做大做强生产性服务业，特别是战略性新兴业态的发展。

第二，持续提高城乡居民收入水平。消费是直接刺激服务业发展的重要推动力。建议不断完善收入分配政策，多渠道促进城乡居民增收，提高城乡居民的服务消费能力，扩大服务业有效需求，促进生活性服务业快速发展。

第三，加快城镇化建设步伐。服务业的发展与城镇化建设密切相关，加快城镇化建设是发展服务业的重要途径。建议加快中小城市的发展，结合移民搬迁工程的实施，引导农民进城，促进中小城市产业聚集、就业人口聚集，拓宽服务业发展空间。

第四，加大政策扶持力度。建议进一步把服务业发展放在与工业同等重要的位置，在用电、用水、用气、用地、税收等方面制定一系列优惠政策。加快服务业税制改革步伐，积极争取列入部分服务业税制改革试点。

第五，优化服务业发展环境。建议规范和完善服务业企业的市场竞争环境。如在政府采购上，建立公开、平等、规范的准入制度；在教育、医疗等涉及民生的领域放宽准入限制，创造公平有序的竞争环境。进一步清理行政许可收费项目，建立企业“减费”工作责任制，保护经营者的合法权益。

陕北地区旅游景点很多，但旅游资源碎片化，零打碎敲，没有整合，没有龙头景区，没有统一规划等问题较为突出。完善地方基础设施建设，积极通过现代化的互联网平台扩大延安与红色旅游的宣传，向外界更广泛地介绍延安城市的发展、独特的红色旅游资源。陕北地区红色旅游是特色鲜明的经济增长点，延安是革命圣地，是全国很多单位和游客进行红色教育的必来之地。如何把发展旅游产业和"精准扶贫"联系起来，在传承优秀革命文化的同时促进地方经济发展是一个重要命题。围绕良好的自然生态环境和独特的文化魅力，在旅游建设过程中坚持"不破坏山水风貌"，在旅游发展中注重让旅客体验旅游景点的原始风味。积极引导企业、农户、村级集体经济组织，采取租赁、合资等形式参与建设，旨在带动贫困户脱贫、农户致富、企业盈利，最终实现企地双赢、共同发展。

三　科技进步

科技创新是产业转型的核心驱动力，在陕北的生态文明建设过程中，应该围绕产业升级、环境保护两大基本点，以企业为主体，以产学研联盟为纽带，以科技专项和关键技术攻关为重点，充分发挥国家级高新区、开发区和农业科技示范区的引领作用，促进骨干项目建设和关键技术研发。鼓励高校等科研机构，联合地方企业共同开发基础性、前沿性、关键性技术研究，培育和建设一批国家级实验研究平台、研发中心、重点实验室和中试基地，并推进一批重大科技项目，进而强化人才支撑。

在地方产业升级的过程中，资源能源的深度开发，产业链延伸是核心问题。及时制订生产标准，推广相关技术与设备对于陕北提升煤炭、石油利用技术水平、优化产品结构、加强产业融合具有积极的作用。重点推广提升先进适用技术，鼓励扶持煤炭清洁高效利用项目建设，关停淘汰一批低效燃煤设施，转移高煤耗产能，培育节能环保企业，建设一体化锅炉研发检测服务平台，制定并完善相关制度及产品标准等，为提高煤炭高效利用，从而实现控制并减少煤炭使用量，为降低大气污染排放、促进环境质量改善提供相应的技术支撑。围绕石油、煤炭等产品，实现初级化工原料向精细化工产品转变，从上游基础产品向下游高端产品延伸，提高初级能源资源的转化率。陕北地区还可以发挥丰富的土地、电力、矿产和风光资源优势，引进培育与主导产业配套的制造业、加工业和服务业，打造新能源、新材料基地持续调优产业结构，全力打造国家能源化工基地升级版。

技术进步还可以有效地推进现代农业的发展与进步，通过先进的技术，培育良种、改良农业设备，将特色生态农业进行规模化推广，可以有效地提高地方农业的竞争力，为农业增产、农民增收，提供技术保障。

生态环境的保护中，传统生产设备会造成大量的污染与浪费，对生态环境产生较大的负面影响，影响地区社会经济的长远发展以及居民的生活质量。推进产业升级很大一部分的考量即是生态环境保护，通过现代化的技术与设备，以及更加优化的生产管理方式来完成节能减排，降低生产过程中对环境的污染。同时还应关注已经造成的环境污染与破坏，对已经造成的生态环境问题要及时地进行环境改良及生态恢复。生态环境具有一定的自我净化与恢复能力，但所需要的时间极其漫长，不足以快速实现生态环境的改善与提高，如果仅依靠生态环境自我修复能力进行恢复，则社会经济要长期陷入不良的生态环境之中，人民生活，身体健康都会在一个更长的时期内受到危害。相比之下现代化的技术与设备可以加速对生态与环境领域的恢复与改善，通过技术与资金的投入弥补前期的生态环境负债。

因为科技才能够真正地推动产业转型，目前，科技对经济增长的贡献率也越来越高，所以应该加大对科技创新的投入。围绕地方经济转型升级的需求，以及生态环境的保护，建设具有地方特色的科技创新体系，为地方社会经济的繁荣发展提供技术保障。

四　金融支持

加大生态文明建设过程中的财政金融支持。受制于能源市场的量价双降，能源企业以及相关产业链都出现了一定程度的融资难，在流动性不足、金融机构贷款困难的情况下，很多企业都开始面向民间金融机构进行融资。在此背景下，一方面，要从政府财政出发，政府要及时调整财政政策与税收政策，减轻中小企业以及进行产业升级的企业的税收负担。加大地方财政投入，扩大地方财政在地方经济中的直接影响力，及时稳定地方经济。另一方面，要努力构建现代化的金融体系，完善金融监管体系，深化金融市场改革，鼓励金融机构创新，加强金融风险管理能力。

提高市场中的融资能力，开展由政府牵头的平台贷款，通过金融机构来为财政提供杠杆，放大地方政府的财政效应，服务于地方企业转型。申请国家专项建设资金，为地方重大项目建设提供稳定性无成本性资金。倡导地方金融机构支持政府导向，为节能减排、技术升级的企业提供信贷支持，同时还要着力于规范民间金融市场，并提高民间融资能力，延长担保贷款使用期限。

金融系统应该以服务实体经济为出发点，解决地方经济发展过程中产业升级以及生态环境保护对资金的需求难题，深化金融改革创新，通过更加丰富的金融产品以及融资方式去解决企业对资金的需要，同时金融机构还要注意金融风险的防范，健康平稳地助推产业转型升级。

在金融监管方面，地方银监会、人民银行等机构要及时了解地方金融动向，在供给侧改革的背景下，依赖能源的经济会面临着更大调整，企业在面对更多不确定性的困境时会有更高的资金需求，在现有的条件下，很多企业无法从正规的渠道获取资金，进而转向一些不正规的民间借贷，给地方的企业运作以及经济发展带来了很多潜在的不良影响。在这种情况下，地方金融监管机构要及时把握企业融资动向，通过政策规则等进行引导，防范可能存在的较大的金融风险。

在金融市场方面，要彻底解决地方企业的融资困境就不能单纯地依靠传统的财政投入与银行信贷，一定要在保持传统政策执行的情况下，努力构建多层次的资本市场。首先，在传统的支持方面，要强化银行融资服务能力，通过推进政银企合作来努力解决市场上的信息不对称难题，努力打破传统的靠硬资产抵押来进行信贷配给的融资模式。引导银行业机构扩大信贷投放，拓宽表外融资渠道，扩大表外融资规模，扩展融资总量。引导信贷资金向重点行业、重点项目、重点企业倾斜。加大对传统优势产业及“三农”、小微企业的投资力度，为民营企业转型升级提供资金支持。其次，在资本市场构建方面，要努力完善社会信用体系，完善融资担保体系，引进或设立大型政策性融资担保公司，尽快开展业务，为地方中小企业提供增信。设立转贷基金，缓解中小微企业转贷难问题。积极推动 PPP、信托、融资租赁、股权交易、互联网金融等多元化融资方式。深入开拓债券融资渠道，争取债券类创新产品在企业融资方面的实际应用。探索开展资产证券化，推动设立一定规模的金融产业发展基金，投资经济建设，持续推动企业上市工作。

在金融风险防范方面，要积极主动地发现问题、解决问题，改善地方金融生态环境。及时处理民间借贷纠纷，依法稳妥处置非法集资，不触动系统性金融风险的底线。重点帮助辖内各银行业金融机构化解处置不良贷款，切实维护地区金融安全，协调各级法院、公安部门，做好处置非法集资工作。增强全民法律意识和金融意识，推动全社会的信用建设和金融生态建设，为经济金融发展创造良好环境。

第三节　社会领域

社会主义和谐社会自提出以来就得到全体社会的广泛关注以及深度认可，其意义和内涵也得到了越来越多的深刻认知。社会主义和谐社会不仅通过民主法治、公平正义、诚信友爱、充满活力、安定有序来体现人与人、人与社会的和谐，还通过人与自然的和谐相处达到人类社会与所处的自然生态环境的和谐。在和谐社会理念的指导下，要充分重视人类自身的和谐，即每一个人的身心健康、生存发展。物质财富并非是社会经济发展的终极目标，生态环境的良性运行关系着每一位居民的身体健康，关系到当地居民生活的方方面面。地方经济的可持续发展也与每一位居民的生存与发展息息相关，这一点在年轻人的择业就业中表现得更为明显。让每一位年轻人对当地的社会经济充满信心是地方政府招揽人才、为地方经济长远发展应做的努力；人际关系的和谐不仅指人与人之间，还包括人与群体之间，以及群体与群体之间的和谐。企业在生产过程中，会在自身盈利的同时危害到其他社会群体的利益，尽管在这一过程中，地方有所增长，但显著的负外部性会影响到企业与其他社会团体，以及当地居民之间的和谐相处；人与自然和谐，即人与所处的环境和谐共生。自然界为人的生存和发展提供外部环境和物质资料，并不断地得到改造，成为人化的自然；人尊重自然规律，在实现经济增长的同时实现保护环境、合理开发利用资源、控制人口数量和提高人口素质之间的协调，维护代际公平，在优美的环境中工作和生活，实现人与环境友好、代际公平。

社会主义的和谐是各主体在相互作用中相互制约，在相互制约中又能相互促进，最终达到的各个主体共同的帕累托最优。在社会经济中的表现为国家、集体、个人等方面权益关系协调，社会运行有章（包括法律、制度、体制、机制、道德规范等）可循，人与自然和谐共处。更为具体的表现为，在经济发展的过程中，更多地关注生产方面的节能减排与环境保护。地方政府努力创建文明城市、美丽乡村，将生态文明具体表现在城市和乡村的建设运转上来。

第四节　生态环境领域

陕北是一个生态环境非常脆弱的地区，近年来工业企业的快速发展，特别是煤炭、石油、天然气开采炼化企业的逐年壮大，污染物超标排放给当地环境质量带来巨大压力。在生态环境方面的治理与改善主要包括三个方面，首先是企业在生产过程中实现节能减排，减少在企业生产过程中的污染物排放，主要体现在地方经济的产业升级改造上；其次是加大对生态环境的建设投入，增加绿化面积；最后是对已经造成的环境污染与生态破坏进行治理与恢复。

一　植树造林，增大绿化面积

在近些年的地方经济发展中，榆林和延安两个地方的环境得到持续改善，空气质量逐年提高，绿化面积也逐年增加。延安从1999年启动退耕还林工程，经过多年的植树造林工作，城四周的山全被绿色覆盖，森林繁茂。至2016年11月延安全市林地面积发展到4338.6万亩，森林覆盖率达到46.35%，城区绿化覆盖率42.65%，街道树冠覆盖率39.83%，人均公园绿地面积达到14.45平方米，水岸林木绿化率96.14%，道路林木绿化率98.47%，水源地森林覆盖率平均值为71.93%，创森各项指标全部达到或超过国家森林城市评价指标。延安在贫瘠的黄土高原腹地成功探索出了一条“绿水青山”与“金山银山”相融相生、红色文化与生态文明交相辉映的绿色崛起之路。

通过“三年植绿大行动”，榆林市的森林资源总量持续增长。目前已形成红黄绿“三个林带”。2014年，全市森林保存面积2157万亩，森林覆盖率由2011年的30.7%提高到33%；黄河沿岸形成以红枣为主的红色经济林带，中部黄土丘陵区形成以“两杏”杂果为主的黄色经济林带，北部沙区形成以樟子松为主的绿色防护林带。城市人居生态环境明显好转，由“沙进人退”转为“人进沙退”，呈现出天蓝、地绿、山青、水秀的新景象。城市绿化覆盖率、绿地率分别由2011年的28.34%、27.56%提高到2014年的38.34%、34.17%。2014年，榆林城区好于二级以上的天数达到336天，其中一级天数达到93天，比2011年增加51天。全市生态安全屏障逐步形成。

陕北地区的造林绿化为工业生产提供了良好的生态环境，减少了自然灾害对工矿区的危害，保证了煤炭、石油、天然气等资源的开发和利用。农业生产依赖稳定的自然环境，人民生活安定有序、社会经济正常发展等也都离不开良好的生态环境。所以在今后的地方发展中，要继续坚持植树造林的工作，同时还要将植树造林推广成全社会共同承担的义务，尤其是地方的资源开采企业坚持履行植树造林义务。要围绕“一带一路”倡议，启动实施“一带一路”防沙治沙工程，同时加强与“一带一路”相关国家国际合作，分享治沙经验，学习先进技术，共促生态治理。要推进工程治理，继续实施好三北防护林、京津风沙源等防沙治沙工程，加大严重沙化土地退耕还林任务安排力度，加快恢复沙区生态。将防护林建设与防沙治沙相结合，安排贫困人口就地转化为生态护林员，促进沙区群众增收致富。

二　坚持生态环境治理

在治理大气污染方面，要充分地关注到造成大气污染的源头，把握好工业用煤排放、供暖设施、建筑工地以及汽车尾气排放等，所以要做到以下几个方面：一是要改造地方大型工业燃煤燃气锅炉，增加脱硫脱硝装置，拆除大型燃煤锅炉，减少大气污染；二是推广使用清洁环保煤为主的燃料，加强集中供热和天然气工程，提高清洁能源的推广与使用，从能源使用中减少大气污染排放；三是开展建筑施工扬尘污染治理、餐饮油烟污染治理以及其他有机性挥发性污染等治理工作，在农忙季节，加强对秸秆燃烧的管控力度，防止火灾和大气污染；四是开展机动车污染防治工作，建设公路尾气监测线，推广新能源汽车，加大对新能源汽车的补贴力度，推广在交通运输领域的环保标准。

在治理水污染方面，首先要对地方的水源进行全面的检测定标，对符合饮用水标准的地区进行严格的保护，对不符合饮用标准的地区推广自来水改造工程，并对地方重要水源进行保护，建立饮用水源保护预警制度，有系统有规律地保护饮用水资源；其次是对地区的水源进行分类管理，水质好的可以作饮用水，稍微差些的可以作为一般性的生活用水，而水质相对较差的则可以作为工业用水，通过健全完善的管理制度，将水资源分类协调起来；再次是建设污水处理厂，利用现代化的污水处理技术与设施及时处理生活污水以及工业废水以免水污染的进一步扩散；最后是建立完整的水污染监管体系，对于企业生产进行严格的废水排放额度管理，超出额度部分以重额排污费用作为其环境补偿费用，将对水污染的外部性内化。

在资源的开发方面，首先要注意开发过程中的污染，减少交通运输过程中汽车拉运等造成的环境风险；其次做好资源开发区的生态恢复，在资源开采完后及时进行污水回注，或者土方回填，及时恢复资源开发区的生态环境，尽可能减少资源开发对生态环境造成的损失；对资源开采企业要签订相关的目标责任书，规定在资源开发过程中的权利与义务，使资源开发企业也能在自己的生产过程中为环境保护尽自己应有的责任和义务。同时，在资源开发的过程中，还要注重其他污染因子，采取相应措施，预防和控制污染，确保环境质量稳步提升，保障环境安全。

第五节 其他领域

在地方的生态文明建设中，往往会过于依赖地方财政和银行信贷而忽略了国际性绿色基金组织以及国际金融组织对于生态环境建设所提供的优惠性政策。这些金融组织资金充裕，能够一次性较大地给付大规模的环保项目；资金支持的成本也较低，很多都是无偿的，对于资金的使用方而言具有较低的压力；而且这些资金在大多数情况下不仅能够提供资金上的支持，还有附带的理念、管理模式、技术设备等配套支持，是在现代化生态环境建设过程中先进理念的保持者，也是地方生态文明建设的重要援助方。

陕北地区是古代“丝绸之路”的起点，也是长城大范围占据的地方，地方所具备的文化内涵与历史积淀不只在国内是丰厚的，在世界范围也是享有盛名的。该地区自然环境条件较差，生态承载力低，是地方进行环境保护、文化传承过程中重大的阻力，在国内拥有支持力量不足的情况下，向国际性绿色金融组织申请也是非常有必要的。国外发达国家的生态环境建设一般都领先国内一步，而且资金也相对充裕，有相当一部分的社会团体和个人愿意拿出一定的财富进行世界范围内知名区域的环境建设与改造费用，所以支持该地区的环境保护，生态建设是国际性绿色金融组织愿意接受的。

在具体的运作过程中，陕北也获得过大量的国际性援助，包括世界和谐联合会对榆林 600 万元针对长城沿线保护的生态建设捐助，德国政府贷款 1654.59 万欧元对长城沿线沙地治理以及生物多样性保护的援助，还有早些年曾经获得过的国际性援助。在这些援助过程中，接受的资金往往会有比较明确的投向，资金在利用的过程中往往也会接受一定程度的监督与管理，相比之下，资金的使用效率会更加高效。而且在资金援助的同时，先后聘请了 20 余位国内外专家对技术人员、利益相关者和当地农民进行了 17 次培训和 4 次国内外考察学习，有效提高了项目工作人员的认识水平和业务能力，对地方长久的生态环境建设都具有重大的意义。

未来展望

在陕北的地方发展过程中，曾经有过飞速发展的辉煌历史。延安是国家的红色根据地，依靠石油和煤炭，地方经济有了黄金的十年。在经济增速放缓、供给侧改革不断深化的今天也面临着诸多的困境，资源类企业利润下降、地方经济缺乏活力、生态环境恶化、人才流失等给地方发展蒙上阴影。

但陕北地方的发展应当是自信的，因为改革已经初见成效，产业结构不断优化，通过现代科技围绕资源性化工产品不断深化推进，产业链不断延伸、产业园区逐渐完善、产业集群优势不断凸显。有丰富的能源资源作基础，也有完整的产业链作支撑，有行业内拔尖的龙头企业作引领，围绕能源化工产业的升级换代迅速而有力。地方生态农业也另辟蹊径，独具特色的地方农产品丰富了农业的产品线，现代化的电商平台给农业的发展提供了广阔的发展空间，地方产业不断优化调整，为地方经济的长远发展提供了坚实的基础。

生态环境也逐渐改善，绿化面积不断增加。陕北延安和榆林两市在地方发展的过程中，不断围绕防护林建设、增加绿化面积而努力，这些年已经取得了重大的突破，地方生态环境也得到了长足的改善，延安还获得了“国家级森林城市”的殊荣，可以预见，在不远的将来，陕北不再是荒凉的边缘，而是充满生机、绿意盎然的塞上江南。

陕北地下有着丰富的能源资源，每一寸土地下面都蕴含着巨额的财富。随着技术进步和设备改善，在未来的资源开发过程中，会以对环境更为友好的方式进行更可持续、更健康的资源开发以及相关化工产品研发与生产。虽然暂时不能开发，但作为地方经济发展的底蕴，陕北的发展还是应当有足够的信心，丰富的能源资源会给地方提供持久有力的支持。

除此之外，陕北地区围绕现代金融体系，围绕不断丰富的现代化的金融机构、现代化的金融监管以及现代化的风险管理，着力于解决企业升级以及供给侧改革过程中的资金融通问题，为地方经济发展注入了更多的活力。相信在地方不断的努力下，陕北将不再是落后产能与传统工业的代名词，而是现代化的、具有生态文明典范效应的国家级能源化工基地。

参考文献

[1] 方毅:《中国生态文明的 SST 理论研究》，博士学位论文，中共中央党校，2010 年。

[2] 陈宗兴、祝光耀:《生态文明建设》(理论卷/实践卷)，学习出版社 2014 年版。

[3] 国务院发展研究中心课题组:《国务院发展研究中心研究丛书：生态文明建设科学评价与政府考核体系研究》，中国发展出版社 2014 年版。

[4] 栗战书:《文明激励与制度规范：生态可持续发展理论与实践研究》，社会科学文献出版社 2012 年版。

[5] 严耕、吴明红、樊阳程:《中国省域生态文明建设评价报告(ECI 2015)》，社会科学文献出版社 2015 年版。

[6] 严耕、吴明红、樊阳程:《中国省域生态文明建设评价报告(ECI 2014)》，社会科学文献出版社 2014 年版。

[7] 李凌汉、李婧:《生态文明视野下地方政府环境保护绩效评估研究》，中国社会科学出版社 2015 年版。

[8] 严耕:《2015 年中国生态文明建设发展报告》，北京大学出版社 2016 年版。

[9] 吴季松:《生态文明建设》，北京航空航天大学出版社 2016 年版。

[10] 贾卫列、杨永岗、朱明双:《生态文明建设概论》，中央编译出版社 2013 年版。

[11] 郝清杰、杨瑞、韩秋明:《中国特色社会主义研究书系：中国特色社会主义生态文明建设研究》，中国人民大学出版社 2016 年版。

[12] 刘国新、宋华忠、高国卫:《美丽中国：中国生态文明建设政策解读》，天津人民出版社 2014 年版。

[13] 刘静：《中国特色社会主义生态文明建设研究》，博士学位论文，中共中央党校，2011 年。
[14] 伍少霞：《生态文明：人类文明演进的必然选择》，《江南大学学报》（人文社会科学版）2008 年 4 月 20 日。
[15] 谭艳华：《论生态经济与生态文明建设》，硕士学位论文，重庆大学，2011 年。
[16] 丁姗：《青藏高原生态特区的构建和我国生态文明建设》，硕士学位论文，兰州大学，2011 年。
[17] 李树铭：《论当代中国“生态观点”的实践理念》，博士学位论文，东北师范大学，2009 年。
[18] 耿世刚：《构建现代产业体系的环保思考》，《中国环境管理干部学院学报》2009 年 12 月 15 日。
[19] 王续琨：《从生态文明研究到生态文明学》，《河南大学学报》（社会科学版）2008 年 11 月 30 日。
[20] 周少玲：《中国：从防治水患到建设生态文明的发展历程》，《党史文苑》2011 年 2 月 20 日。
[21] 常纪文：《生态文明建设，法治大有可为》，《中国环境报》2013 年 4 月 25 日。
[22] 陈永正：《“五生”：生态文明理论与实践的探索》，《福建农林大学学报》（哲学社会科学版）2013 年 1 月 5 日。
[23] 赵成：《从环境保护、可持续发展到生态文明建设》，《思想理论教育》2014 年 4 月 15 日。
[24] 顾钰民：《中国特色社会主义理论与实践研究》，《思想理论教育导刊》2012 年 6 月 20 日。
[25] 赵树迪：《当代中国生态文明建设研究》，硕士学位论文，南京信息工程大学，2012 年。
[26] 何军民：《生态文明建设中的审美存在》，《新西部》（下半月）2009 年 5 月 30 日。
[27] 李合敏：《生态文明：对传统工业文明和资本主义制度的超越》，《乌蒙论坛》2010 年 6 月 15 日。
[28] 徐明华：《生态文明建设的现实背景及未来发展》，《鄱阳湖学刊》2014 年 3 月 30 日。

[29] 杨平：《生态文化浅析》，《科技创业月刊》2013 年 7 月 10 日。
[30] 康晓强：《胡锦涛生态保护与建设思想探析》，《科学社会主义》2012 年 10 月 20 日。
[31] 乔刚：《生态文明视野下的循环经济立法研究》，博士学位论文，西南政法大学，2010 年。
[32] 王珊：《以胡锦涛同志为总书记的党中央"促进阶层关系和谐"思想的基本内涵》，《中央社会主义学院学报》2011 年 10 月 15 日。
[33] 杨剑：《一花一天堂　一草一世界——浅析日本人的自然观》，《科学大众》（科学教育）2015 年 2 月 20 日。
[34] 王丹：《马克思主义生态自然观研究》，博士学位论文，大连海事大学，2011 年。
[35] 张华波、刘凯文：《中国特色社会主义道路给世界带来了什么》，《传承》2014 年 12 月 28 日。
[36] 孙忠英：《借鉴发达国家先进的环保经验创新生态环保发展机制的研究》，《生产力研究》2010 年 12 月 15 日。
[37] 蔡维森、郭春华：《对土地生态伦理的理论探索》，《理论导刊》2010 年 12 月 10 日。
[38] 姚燕：《新世纪以来生态文明建设的回顾与分析》，《当代中国史研究》2013 年 5 月 25 日。
[39] 陈二厚、董峻、王宇、刘羊旸：《为了中华民族永续发展——习近平总书记关心生态文明建设纪实》，《国土绿化》2015 年 3 月 20 日。
[40] 周汉民：《生态文明与美丽中国》，《上海市社会主义学院学报》2012 年 12 月 28 日。
[41] 胡承江：《基于动态数据分析的北京市永定河流域城市景观生态系统演变研究》，博士学位论文，北京林业大学，2015 年。
[42] 张兰英、张宗柯：《国内外生态文明建设经验初探》，《福州党校学报》2013 年 10 月 15 日。
[43] 曹爱琴：《人的全面发展：中国共产党的生态文明建设思想的价值诉求》，《西安文理学院学报》（社会科学版）2013 年 10 月 25 日。

［44］范星宏：《马克思恩格斯生态思想在当代中国的运用和发展》，博士学位论文，安徽大学，2013 年。
［45］赵爱龙、令小雄：《“大生态观”的善治之域——兼论国家治理现代化的价值向度》，《甘肃理论学刊》2015 年 5 月 20 日。
［46］陆奇：《生态文明建设，志鉴有所作为》，《黑龙江史志》2015 年 4 月 23 日。
［47］文锦菊、冯友钊、李政钧：《国内外推进生态文明建设的经验与启示》，《湖南科技学院学报》2013 年 10 月 1 日。
［48］闫绍杰：《内化于心，外化于行——关于〈公民道德与伦理常识〉教材修订情况的说明》，《思想政治课教学》2014 年 12 月 20 日。
［49］豆红梅：《浅议西和县农村生态文明建设》，《甘肃农业》2013 年 3 月 15 日。
［50］李爽、刘洋、张玉斌：《四十年探索，开辟中国环保新路》，《环境保护与循环经济》2013 年 7 月 15 日。
［51］张义学：《“美丽中国”时代内涵》，《西部大开发》2012 年 11 月 28 日。
［52］贺唯：《马克思和恩格斯的生态文明思想视阈下的我国生态文明建设》，《新课程学习》（上）2013 年 5 月 8 日。
［53］黄燕、田贵平、竟辉：《论中国特色社会主义生态文明的建构路径》，《中国矿业大学学报》（社会科学版）2014 年 6 月 25 日。
［54］许亮、赵玥：《先秦道家生态哲学思想与生态文明建设》，《理论视野》2015 年 2 月 15 日。
［55］许尔君：《美丽中国视域下以生态文明理念转变经济发展方式的路径思考》，《北京市经济管理干部学院学报》2013 年 6 月 15 日。
［56］鞠美庭：《国外生态城市建设经典案例》，《今日国土》2010 年 10 月 25 日。
［57］姚翼源、许水贵：《生态幸福理论下“三生”空间优化》，《哈尔滨市委党校学报》2015 年 1 月 25 日。
［58］蔡守秋、吴贤静：《从“主客二分”到“主客一体”》，《现代法学》2010 年 11 月 15 日。
［59］刘阳春：《转变经济发展方式与改善民生》，《湖南省社会主义学

院学报》2014 年 12 月 15 日。
[60] 乔佼:《资源富集区产业创新研究》，硕士学位论文，西北大学，2011 年。
[61] 黄建军:《陕西生态环境及其与地质构造的耦合关系研究》，博士学位论文，西北大学，2002 年。
[62] 丁任重:《西部发展与资源开发模式的转型》，《四川日报》2010 年 9 月 15 日。
[63] 李后强:《西部大开发: 民生为核心》，《企业家日报》2013 年 9 月 24 日。
[64] 陶信平、王潇雅:《西北地区矿产资源开发中的生态保护问题研究》，《国土资源情报》2010 年 12 月 20 日。
[65] 韩秀丽、张莉琴、李鸣骥:《经济增长方式对西北城镇化发展的影响研究——基于甘宁青新蒙 1998—2012 年地级市 Panel Data 的分析》，《经济问题探索》2015 年 3 月 1 日。
[66] 卢忠瑾、汪亮、梁旭:《陕北民族传统体育黄土情元素的探析》，《价值工程》2011 年 2 月 18 日。
[67] 姚雷、贾开武、李晓芝:《节约型社会与绿色建筑材料》，《山西建筑》2008 年 3 月 20 日。
[68] 李新平、黄小红:《资源节约型和环境友好型社会的经济学与哲学思考》，《市场经济与价格》2011 年 8 月 1 日。
[69] 董懿:《基于“两型社会”建设的湘潭市红色文化遗产利用研究》，硕士学位论文，湘潭大学，2011 年。
[70] 吴宏伟:《绿色金融支持两型社会问题研究》，硕士学位论文，湖南工业大学，2009 年。
[71] 龚矜国:《基于经济生态化的长株潭城市群两型社会建设战略研究》，硕士学位论文，湖南大学，2013 年。
[72] 马晓梅:《节约型社会的价值诉求》，硕士学位论文，新疆大学，2010 年。
[73] 杨颖:《对营造节约型大学校园建设的看点》，《高校后勤研究》2007 年 4 月 20 日。
[74] 李连仲:《加快建设节约型社会，推进经济社会环境协调发展》，《今日中国论坛》2006 年 5 月 20 日。

[75] 李清聚、范迎春：《墨子的“节用”观对构建节约型社会的启示》，《河南科技大学学报》（社会科学版）2007 年 10 月 15 日。
[76] 蒋玲俐：《论长株潭城市群两型社会建设与旅游业可持续发展》，《企业家天地》2009 年 11 月 15 日。
[77] 林鹭：《基于节约型社会的绿色财政税收政策研究》，硕士学位论文，广西大学，2008 年。
[78] 贺书霞：《中国循环经济立法研究》，硕士学位论文，西北农林科技大学，2007 年。
[79] 王丽丽：《两型社会视野下大学生消费观教育研究》，硕士学位论文，长沙理工大学，2011 年。
[80] 相广萍：《构建武汉“两型”社会的指标体系及综合评价研究》，硕士学位论文，暨南大学，2009 年。
[81] 刘杨：《打造两型社会建设主题群的路径研究》，硕士学位论文，合肥工业大学，2013 年。
[82] 侯华：《发展循环经济是建设资源节约型环境友好型社会的必然选择》，《工业技术经济》2007 年 7 月 25 日。
[83] 胡化凯：《简论道家思想的生态伦理学意义》，《自然辩证法通讯》2010 年 2 月 10 日。
[84] 钟晓龙：《中国传统生态思想研究》，硕士学位论文，大连理工大学，2003 年。
[85] 肖贺：《从道家思想价值观解读技术异化》，硕士学位论文，南京航空航天大学，2010 年。
[86] 乐爱国：《道家生态伦理思想及其现代意义》，《鄱阳湖学刊》2010 年 1 月 30 日。
[87] 李广义、吕锡琛：《道家生态伦理思想及其普世伦理意蕴》，《湖南科技大学学报》（社会科学版）2009 年 1 月 20 日。
[88] 毛丽娅：《〈道德经〉的生态思想及其当代审视》，《求索》2008 年 3 月 31 日。
[89] 刘志军：《论先秦道家科技伦理思想》，《长沙理工大学》2010 年 4 月 1 日。
[90] 朱晓鹏：《论西方现代生态伦理学的“东方转向”问题》，《纪念孔子诞生 2555 周年国际学术研讨会论文集》（卷一）2004 年 10

月1日。
[91] 万幼清、邹珊刚：《儒道思想中的生态旅游观》，《求索》2004年8月30日。
[92] 赵昌莉、李成：《论道教的生命健康生态伦理》，《江西社会科学》2013年4月15日。
[93] 乐爱国：《道教生态伦理：以生命为中心》，《厦门大学学报》（哲学社会科学版）2004年9月28日。
[94] 殷明：《道教戒律中的生态伦理思想探析》，《宗教学研究》2008年6月15日。
[95] 谢扬举：《西方对中国道家作为环境哲学的发现过程》，《江西社会科学》2001年6月25日。
[96] 董军、杨积祥：《无为、知止、贵生、爱物——道家生态伦理思想探析》，《学术界》2008年第3期。
[97] 侯德泉、何芳：《从“三位一体”到“四位一体”——中国特色社会主义事业总体布局的历史演变》，《当代中国史研究》2008年第4期。
[98] 王朝梁：《中国酸雨污染治理法律制度研究》，硕士学位论文，西南政法大学，2010年。
[99] 庆跃先：《庄子的“至德之世”及通达之路》，《中国社会科学报》2013年10月14日第A06版。
[100] 吴玉英：《“诗意栖居”的美学之思》，硕士学位论文，内蒙古师范大学，2006年。
[101] 卢萍：《道教的生态智慧与生态旅游》，《辽宁经济管理干部学院学报》（辽宁经济职业技术学院学报）2014年第5期。
[102] 周密：《邓小平中国特色社会主义事业总体布局理论研究》，硕士学位论文，中国石油大学（华东），2013年。
[103] 蔡丹：《中国特色社会主义事业总体布局思想形成与发展研究》，博士学位论文，中共中央党校，2010年。
[104] 冷溶：《社会和谐是中国特色社会主义的本质属性》，《马克思主义研究》2006年第11期。
[105] 李君如：《构建社会主义和谐社会的理论根据与理论意义》，《求是》2006年第24期。

[106] 谷照亮、李华:《构建社会主义和谐社会是我国社会主义现代化建设的重要目标》,《四川省社会主义学院学报》2007 年第 2 期。
[107] 梁丽萍:《把构建社会主义和谐社会摆到更加突出的地位——访中共中央党校副校长李君如》,《中国党政干部论坛》2007 年第 7 期。
[108] 山东省邓小平理论和“三个代表”重要思想研究中心:《把构建社会主义和谐社会摆在更加突出的地位》,《光明日报》2006 年 11 月 27 日第 006 版。
[109] 杨晨:《马尔库塞关于技术思想评析》,硕士学位论文,陕西师范大学,2015 年。
[110] 方世南:《以三个“五位一体”的合力走向生态文明新时代》,《苏州大学学报》(哲学社会科学版)2013 年第 5 期。
[111] 余谋昌:《实践性是地学认识论的精髓——以“地球化学循环”概念为例》,《矿物岩石地球化学通报》2005 年第 3 期。
[112] 逄永娟:《社会主义生态文明新时代探析》,硕士学位论文,东北大学,2014 年。
[113] 别红暄:《生态文明建设视域下我国政府管理体制创新探析》,《中州学刊》2014 年第 12 期。
[114] 梁书宏:《中国特色社会主义参政党意识形态建设浅析》,《上海市社会主义学院学报》2014 年第 6 期。
[115] 黄天芳:《孝德教育与大学生社会主义核心价值观的培育》,《湖北工程学院学报》2015 年第 1 期。
[116] 张现民:《试论钱学森的循环经济思想》,《科学管理研究》2009 年第 2 期。
[117]《刘思华文集》编辑组:《刘思华的学术贡献与经济思想》,《海派经济学》2009 年第 3 期。
[118] 胡锦涛:《坚定不移沿着中国特色社会主义道路前进为全面建成小康社会而奋斗——在中国共产党第十八次全国代表大会上的报告》,《求是》2012 年第 22 期。
[119] 户可英:《大学生社会主义核心价值观教育方法研究》,博士学位论文,电子科技大学,2014 年。
[120] 赵新霞:《以社会主义核心价值体系引领高校思想政治教育对策

分析》，硕士学位论文，吉林大学，2014 年。

[121] 陆扬、夏东民：《科学发展观当代价值之探析》，《南京邮电大学学报》（社会科学版）2010 年第 2 期。

[122] 高丽萍：《从马克思社会发展观到科学发展观——社会主义发展理念的演变轨迹》，硕士学位论文，南开大学，2012 年。

[123] 刘铮、陈龙：《小城镇发展进程中的土地资源浪费反思》，《社会科学辑刊》2014 年第 4 期。

[124] 张立鹏：《马克思人的全面发展理论及其在当代中国实现条件研究》，博士学位论文，苏州大学，2014 年。

[125] 蔡银寅：《论制度变革的经济动力》，《统计与决策》2007 年第 14 期。

[126] 任洁：《文化与制度关系新探》，《唐都学刊》2005 年第 5 期。

[127] 白洋：《促进低碳经济发展的财税政策研究》，博士学位论文，中国社会科学院研究生院，2014 年。

[128]《发展低碳经济的财税政策研究》课题组，刘尚希、魏跃华、余丽生、张学诞、邢丽、李铭：《发展低碳经济的财税政策研究》，《财会研究》2011 年第 12 期。

[129] 刘铮：《社会主义核心价值内化为国民信仰的制度保证》，《毛泽东邓小平理论研究》2008 年第 2 期。

[130] 刘铮、屈璐璐：《马克思理论的生态意蕴及其当代价值》，《当代经济研究》2013 年第 4 期。

[131] 曹孟勤、徐海红：《马克思劳动概念的生态意蕴及其当代价值》，《马克思主义与现实》2010 年第 5 期。

[132] 谭喨、刘春学、徐杉、王鹏云、曾艳：《滇池湖滨湿地植物对环境影响及经济效益分析》，《安徽农业科学》2015 年第 9 期。

[133] 李瑞、胡留所、L. G. Melnyk：《生态环境经济损失评估：生态文明的视角——以陕北资源富集区为例》，《财经论丛》2015 年第 9 期。

[134] 尹敬东、代秀梅：《单位 GDP 能源消耗与产业结构特征——来自江苏的证据》，《产业经济研究》2009 年第 5 期。

[135] 张丰洲：《保障房实施工业化建设的推进策略研究》，硕士学位论文，北京交通大学，2015 年。

［136］韩颖：《河南省农村区域经济发展水平比较研究》，硕士学位论文，河南农业大学，2009 年。
［137］姜文超：《中国中小企业应用电子交易市场的绩效决定因子研究》，硕士学位论文，燕山大学，2010 年。
［138］刘阳：《基于因子分析法分析比较金融危机前后山东主要上市公司经营绩效》，硕士学位论文，青岛大学，2010 年。
［139］李丹妮：《我国城市宜居社区评估研究》，硕士学位论文，大连理工大学，2009 年。
［140］陈梓铃：《关于内需增长影响因素的动态分析》，硕士学位论文，厦门大学，2009 年。
［141］吴慧萍：《中国城市化发展水平的测度及其对气温影响的灰色关联分析》，硕士学位论文，安徽大学，2014 年。
［142］于勇：《河北省太行山区土地资源适宜性评价》，硕士学位论文，河北农业大学，2004 年。
［143］刘宏伟：《政府监督视角下的工程建设项目动态质量管理研究》，硕士学位论文，湖南大学，2010 年。
［144］王东生：《基于 TOPSIS 法的制造企业节能方案选择》，《轻工科技》2012 年第 5 期。
［145］陆建红、丁立杰、徐建新：《模糊综合评价模型在农村饮水安全评价中的应用》，《水电能源科学》2011 年第 2 期。
［146］杨晋熙、刘晓鹰：《西南地区旅游产业集群竞争力评价研究》，《西南民族大学学报》（人文社会科学版）2011 年第 3 期。
［147］付加锋、郑林昌、程晓凌：《低碳经济发展水平的国内差异与国际差距评价》，《资源科学》2011 年第 4 期。
［148］郑林昌、付加锋、李江苏：《中国省域低碳经济发展水平及其空间过程评价》，《中国人口·资源与环境》2011 年第 7 期。
［149］耿玉德、张默涵：《林业上市公司社会责任评价研究》，《林业经济》2011 年第 10 期。
［150］张乘千：《延安市降雨与黄土滑坡相关性分析》，硕士学位论文，长安大学，2014 年。
［151］黎娜：《塔运司建设工程项目风险管理应用研究》，硕士学位论文，西安石油大学，2014 年。

[152] 孙涛:《基于熵值法和改进的理想点法的建设项目多目标综合优化》,硕士学位论文,重庆大学,2010 年。
[153] 刘文斌:《我国城市承接外包能力比较分析》,硕士学位论文,南京财经大学,2011 年。
[154] 宋相敏:《华能长春热电厂风量系统风险管理研究》,硕士学位论文,吉林大学,2012 年。
[155] 都平平:《生态脆弱区煤炭开采地质环境效应与评价技术研究——以陕北榆神府矿区为例》,硕士学位论文,中国矿业大学,2012 年。
[156] 王向辉:《西北地区环境变迁与农业可持续发展研究》,硕士学位论文,西北农林科技大学,2012 年。
[157] 唐亚明:《陕北黄土滑坡风险评价及监测预警技术方法研究》,硕士学位论文,中国地质大学(北京),2012 年。
[158] 王飞:《绿色矿业经济发展模式研究》,硕士学位论文,中国地质大学,2012 年。
[159] 齐洪亮:《公路自然灾害评价系统的研究》,硕士学位论文,长安大学,2011 年。
[160] 张林峰:《改制背景下大学出版社管理体系研究》,硕士学位论文,哈尔滨工程大学,2009 年。
[161] 王淑敏:《低碳经济发展水平的评价指标体系研究及策略分析》,硕士学位论文,北京交通大学,2011 年。
[162] 王东生:《基于 TOPSIS 法的制造企业节能方案选择》,《轻工科技》2012 年第 5 期。
[163] 李笑诺、施晓清、王成新、杨建新、欧阳志云:《烟台生态城市建设指标体系构建与评价》,《生态科学》2012 年第 2 期。
[164] 黄克石、郭芬:《煤矿环境污染与废水处理技术探究》,《科技与企业》2012 年第 13 期。
[165] 周伟、曹银贵、乔陆印:《基于全排列多边形图示指标法的西宁市土地集约利用评价》,《中国土地科学》2012 年第 4 期。
[166] 蒋丽伟、李炜、胡长茹:《基于 AHP 与 TOPSIS 模型的经济发展水平综合评价——以黑龙江省国有林区为例》,《林业资源管理》2012 年第 4 期。

[167] 米国芳:《中国火电企业低碳经济发展评价研究》,《资源科学》2012 年第 12 期。
[168] 刘锴、杜文霞、刘桂春、张耀光:《大连市可持续发展水平测度》,《城市问题》2015 年第 4 期。
[169] 刘凯:《生态文明视角下的城市宜居度评价研究——以山东省济南市为例》,《资源开发与市场》2015 年第 6 期。
[170] 刘梦瑶、张卫民:《基于熵权 TOPSIS 法的林业企业社会责任评价实证研究》,《林业经济》2015 年第 8 期。
[171] 刘志钧:《矿区生态环境质量评价理论及预警方法研究》,硕士学位论文,山东科技大学,2005 年。
[172] 王琦:《基于利益相关者理论的企业社会责任实现机制研究》,博士学位论文,哈尔滨工业大学,2015 年。
[173] 林娟:《基于 BP 神经网络下的矿业上市公司融资风险预警研究》,博士学位论文,中国地质大学(北京),2013 年。
[174] 陈丹:《矿业城市生态文明评价体系的构建与实证研究》,博士学位论文,中国地质大学,2015 年。
[175] 潘文砚:《中国低碳经济发展水平的多维评价及实证研究》,博士学位论文,华中科技大学,2014 年。
[176] 吴英晶:《基于供应链关系的中小企业融资决策研究》,博士学位论文,南开大学,2014 年。
[177] 张越:《中国林业上市企业社会责任信息披露研究》,博士学位论文,北京林业大学,2015 年。
[178] 黄玉华、冯卫、李政国:《陕北延安地区 2013 年“7·3”暴雨特征及地质灾害成灾模式浅析》,《灾害学》2014 年第 2 期。
[179] 赵振智、孙艳玲:《功效系数法在油气钻井公司财务预警中的应用》,《财会通讯》2014 年第 32 期。
[180] 刘雯雯、赵远、管乐:《中国林业企业社会责任评价实证研究——基于利益相关者视角》,《林业经济》2013 年第 8 期。
[181] 沈幸:《利益相关者视角的石油企业社会责任评价——以延长石油集团为例》,硕士学位论文,西安石油大学,2011 年。
[182] 杜超:《延安市山洪泥石流灾害风险评价及对策》,博士学位论文,长安大学,2012 年。